한눈에 알아보는
우리 나무 3

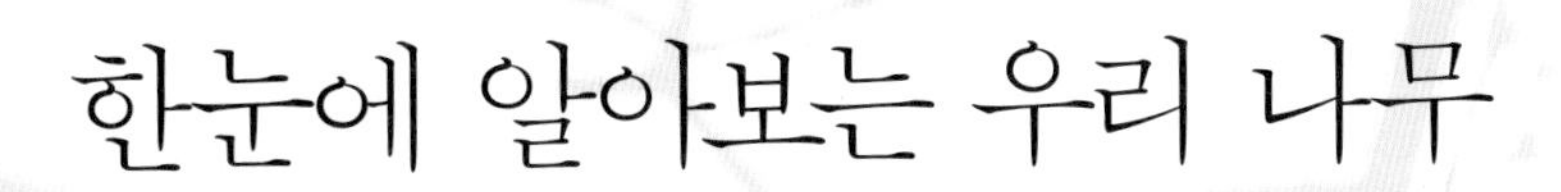

한눈에 알아보는 우리 나무

차이점을 비교하는
신개념 나무도감

3

박승철 지음

글항아리

식물도감은 보통 사진과 설명을 따로 분리하다 보니, 사진이 작아지고 그 수도 적어 책을 볼 때마다 답답하다는 인상을 지울 수 없었다. 그래서 사진을 크고 시원하게 보면서도 설명을 읽을 수 있으며, 그 뜻을 바로 알 수 있는 나무도감이 필요하다고 생각했고 그에 따라 책을 구성했다. 읽을 때 미리 알아두면 유용한 것들을 간략히 설명한다.

사진의 배치

이 책에 수록된 사진은 1998년부터 2020년까지 23년 동안 현지에서 직접 찍은 150만 장의 사진 가운데 4만여 장을 고른 것이다. 이것을 재료로 나무도감을 집필하여 권당 400~500쪽 정도의 전체 8권으로 묶어낸다. 나무 종류마다 15장의 사진은 두 페이지에 걸쳐 그 나무의 특징을 보여주는, 다른 도감에서 찾아보기 힘든 대표적인 사진들로 채웠다. 이때 어떤 나무를 펼치더라도 특정 부분 사진이 같은 자리에 오도록 배치했다. 꽃차례부터 잎, 줄기, 나무의 전체적인 모습 등 사진만 비교해도 쉽게 동정同定할 수 있도록 하기 위함이다.

사진을 크게 싣기 위해 설명하는 글은 사진 위 여백을 활용해 넣었다. 이렇게 함으로써 크기가 다른 다양한 나무 사진을 그에 맞게 넣을 수 있었다. 특히 첫 사진에서는 그 종만의 독특한 특징을 개괄해 그것만 읽어도 헷갈리기 쉬운 다른 종과 쉽게 구별할 수 있도록 했다. 사진 속 나무 모습과 설명이 바로 붙어 있어 직관적 이해에 도움을 주는 것도 이 책의 큰 특징이다. 각 자리의 세부적 쓰임새는 다음과 같다.

00 종의 특징을 보여주는 대표 사진.
01 꽃차례花序 전체 모습.
02 홑성꽃單性花일 때 암꽃의 모습.
03 홑성꽃일 때 수꽃의 모습.
04 암술이나 수술, 꽃받침 등 종의 특징을 나타내는 꽃의 특정 부분을 확대.
05 잎 표면(위)과 잎 뒷면.
06 잎자루葉柄나 턱잎托葉의 모습.
07 겹잎複葉을 이루는 작은 잎小葉 하나 또는 홑잎單葉 하나.
08 잎차례葉序, 작은 잎이 모두 모여 이루는 전체 겹잎의 모습.
09 열매가 달리는 열매차례果序의 전체 모습.
10 열매 하나하나의 모습.
11 씨앗種子.
12 잎의 톱니, 잎맥葉脈, 줄기의 가시, 꽃받침, 겨울눈冬芽 등 그 나무만의 특징적인 모습.
13 햇가지新年枝 또는 어린 가지에 난 털이나 겨울눈.
14 나무껍질樹皮과 함께 나무의 높이 등 형태상의 특징.

수록종과 분류 체계

이 책은 우리나라 산과 들에서 자생하는 나무는 물론 해외에서 들여왔지만 우리 땅에 뿌리를 내린 원예종, 선인장과 다육식물까지 총 1500여 종을 수록해 국내 도감 중 가장 많은 수종을 다루고 있다. 특히 원예종 중에서도 야생에서 얼어 죽지 않고 월동하는 나무들을 포함해 공원이나 수목원, 온실 또는 실내에서 흔히 만날 수 있는 나무들까지 모두 수록하려고 노력했다. 그 가운데는 기존의 나무도감에서 찾아볼 수 없던, 이 책에서 처음으로 소개되는 종도 더러 있다. 나무는 우선 크게 일반 수종과 다육으로 나눈 다음, 다시 과별로 묶어 배열했다. 같은 과에서도 모양이나 색깔이 비슷해 헷갈리기 쉬운 종끼리 모아 가급적 비교·검토하기 쉽도록 배치했다.

각 나무는 과명을 먼저 적은 뒤 찾아보기 쉽도록 번호를 붙이고, 국명과 이명(괄호 표시), 학명을 묶어서 적었다. 학명과 국명은 국립수목원의 '국가표준식물목록'을 따랐으며, 여기에 없는 이름은 북미식물군, 중국식물지FOC, 일본식물지 등을 두루 참고했다. 선인장과 다육식물은 국가표준식물목록을 기본으로 'RSChoi 선인장정원'을 참조해 정리했다.

– 국가표준식물목록 http://www.nature.go.kr/kpni/index.do

– 북미식물군Flora of North America http://www.efloras.org

참고 자료

종에 관한 정보는 『대한식물도감』(이창복, 향문사, 1982)과 국립수목원의 '국가생물종지식정보시스템'의 식물도감 편, 『한국식물검색집』(이상태, 아카데미서적, 1997)을 주로 참고했다. 다만 무궁화는 『무궁화』(송원섭, 세명서관, 2004)를, 선인장과 다육식물은 해외 전문 인터넷 사이트도 함께 참고했다.

– 국가생물종지식정보시스템 http://www.nature.go.kr/

용어의 사용

글은 누구나 어렵지 않게 이해할 수 있게끔 가능하면 쉬운 우리말로 풀어썼다. 전문용어를 쓸 때는 이해를 돕기 위해 사진에 그에 해당하는 부분을 함께 표시했다. 학자마다 다른 용어를 사용하고 있을 때는 일반적으로 두루 쓰이는 용어를 선택했다. 또 한자어 등 다른 이름으로도 자주 쓰이는 말은 제1권 부록에 용어사전을 따로 실어 찾아볼 수 있도록 했다.(용어사전의 양이 많아 제2권부터는 싣지 못했다.) 용어사전은 국립수목원의 '식물용어사전'과 농촌진흥청의 '농업용어사전', 『우리나라 자원식물』(강병화, 한국학술정보, 2012) 등을 참고했다. 용어사전을 먼저 익힌 뒤 도감을 읽어나가면 시간을 좀 더 절약할 수 있을 것이다.

– 국립수목원 식물용어사전 http://www.nature.go.kr/

– 농촌진흥청 농업용어사전 http://lib.rda.go.kr/newlib/dictN/dictSearch.asp

차례

진달래과

자금우과

감나무과

때죽나무과

노린재나무과

물푸레나무과

협죽도과

꼭두서니과

마편초과

인동과

원뿔꽃차례의 길이는
20~50센티미터 가량이다.

벽오동

[벽오동나무 · 청오동나무]

Firmiana simplex

—

나무껍질은 다 자라도 청록색이며, 갈라지지 않는다. 잎은 어긋나게 달리며, 3~5갈래로 갈라진 넓은 달걀꼴이다. 원뿔꽃차례圓錐花序의 길이는 20~50센티미터 정도다. 꽃잎은 없고 10~15개의 수술이 합쳐진 한몸수술이다.

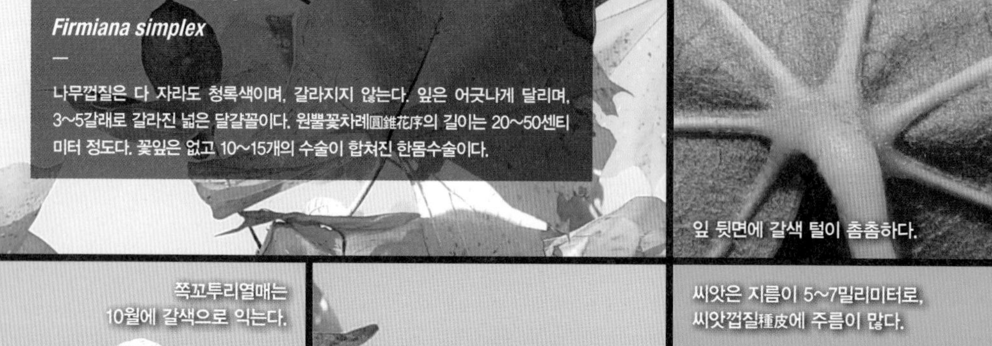

잎 뒷면에 갈색 털이 촘촘하다.

쪽꼬투리열매는
10월에 갈색으로 익는다.

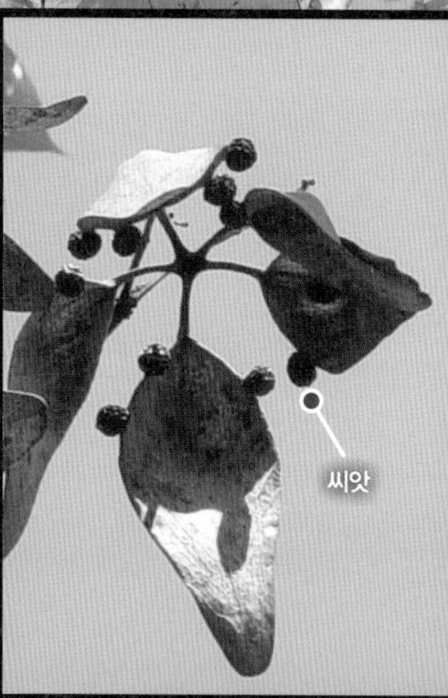

씨앗은 지름이 5~7밀리미터로,
씨앗껍질種皮에 주름이 많다.

한 꽃차례에 암꽃 수꽃이 함께 달린다.
수꽃
꽃밥은
10~15개
수술이 합쳐진
한몸수술
(단체웅예)
암꽃
암술대
꽃밥
한몸수술
꽃받침조각顎片
잎자루의 길이는
약 15~30센티미터이며 털이 없다.
잎의 길이는
15~30센티미터 가량이다.
잎은 어긋나게 달리며
3~5갈래로 갈라진
넓은 달걀꼴卵形이다.
꽃받침조각은 5개이고 길이는
약 7~10밀리미터며 뒤로 젖혀진다.
꽃받침조각
수꽃
어린 가지에 털이 있다.
약 5~20미터 높이로 자라는
갈잎큰키나무落葉喬木다.

411
팥꽃나무과

백서향

[개서향나무 · 흰서향나무]

Daphne kiusiana

—

꽃은 서향*D. odora*에 비해 흰색이다. 잎의 길이는 3~8센티미터, 폭은 1~3센티미터 정도로 서향보다 작은 편이다. 어린 가지에 털이 없다.

3월에 10~20개의 흰색 꽃이 모여 머리꽃차례 頭狀花序를 이룬다.

잎 양면에 털이 없다.

머리꽃차례

수술이 약간 드러난다.

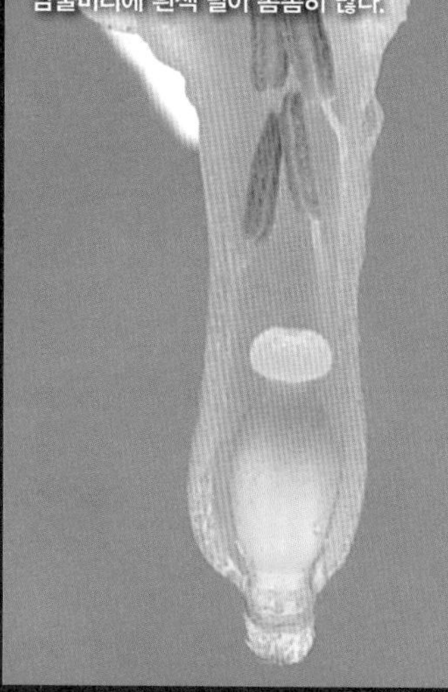

암술머리에 흰색 털이 촘촘히 많다.

꽃받침통顎筒은 길이가
7~10밀리미터 가량이다.

꽃받침통은 네 갈래로 갈라진다.

암술은 1개이고, 8개의 수술은
두 줄로 배열된다.

잎자루는 아주 짧다.

잎의 길이는 3~8센티미터,
폭은 1~3센티미터 정도다.

잎은 어긋나게 달리고
거꿀바소꼴倒披針形이다.

가지는 흔히
세 갈래로 갈라진다.

어린 가지에 털이 없다.

약 1~1.5미터 높이로 자라는
늘푸른떨기나무常綠灌木다.

서향

[천리향 · 서향나무]

Daphne odora

—

잎의 길이는 약 6~13센티미터, 폭은 약 2~5센티미터다. 3월에 10~20개의 홍자색 꽃이 모여 핀다. 꽃받침통의 길이는 7~10밀리미터가량이고 4갈래로 갈라진다. 암술은 1개이고, 8개의 수술은 두 줄로 배열된다.

3월에 10~20개의 홍자색 꽃이 머리꽃차례를 이룬다.

잎 양면에 털이 없다.

열매는 붉게 익는 굳은씨열매核果이며 독성을 가지고 있다. 우리나라에는 대부분 수나무만 심어져 있어 열매를 만나보기 어렵다.

꽃받침통

수술은 약간 보인다.

꽃받침통의 길이는
7~10밀리미터 가량이다.
꽃받침통은 네 갈래로 갈라진다.
꽃밥
암술
암술은 1개이고,
8개의 수술은
두 줄로 배열된다.
잎자루는 아주 짧다.
잎은 길이가 약 6~13센티미터,
폭이 약 2~5센티미터다.
잎은 어긋나게 달리고
거꿀바소꼴이다.
암술머리에 흰색 털이 촘촘하다.
암술머리
씨방
어린 가지에
난 털은
곧 없어진다.
약 1~1.5미터 높이로 자라는
늘푸른떨기나무다.

팥꽃나무

[팟꽃나무]

Wikstroemia genkwa

—

잎은 마주 달리며 바소꼴이다. 잎의 길이는 2~6센티미터 가량이다. 홍자색 꽃이 모여 우산꽃차례傘形花序에 달린다. 꽃받침통의 길이는 약 8~15밀리미터로 둥근기둥꼴圓柱形이다. 암술은 1개이고, 8개의 수술은 위아래 두 줄로 배열된다.

4월이 되면 홍자색 꽃이 우산꽃차례에 모여 달린다.

잎 표면의 털은 점차 없어지고, 잎 뒷면에는 융털絨毛이 있다.

열매는 7월에 익는다.

얇은열매瘦果의 길이는 6~7밀리미터 정도다.

씨앗은 양 끝이 뾰족한 달걀꼴이며 검은색이다.

꽃받침통
꽃받침통의 길이는 약 8~15밀리미터다.
꽃의 지름은 약 17밀리미터다.
암술머리
씨방
암술머리는 분홍색이고
씨방에 털이 있다.
잎의
가장자리는
뒤로
말린다.
잎의 길이는 2~6센티미터 정도다.
잎은 마주 달리며
바소꼴披針形이다.
암술은 1개이고,
8개의 수술은 위아래 두 줄로 배열된다.
수술
암술
어린 가지에
누운털伏毛이
촘촘하다.
약 50~100센티미터 높이로
자라는 갈잎떨기나무落葉灌木다.

삼지닥나무

[매듭삼지나무 · 삼아나무 · 황서향나무]

Edgeworthia chrysantha

—

꽃자루가 아래로 휘어지며, 꽃은 머리꽃차례에 달린다. 가지가 대부분 세 갈래로 계속 갈라지므로 삼지三枝닥나무란 이름이 생겼다. 손으로 가지를 자르기 어려울 정도로 나무껍질이 질기다. 나무껍질은 종이의 원료로 쓰인다.

3월이 되면 노란색 꽃이 잎보다 먼저 가지 끝에 둥글게 모여 달린다.

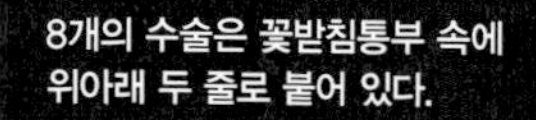

잎 양면에 털이 있다.

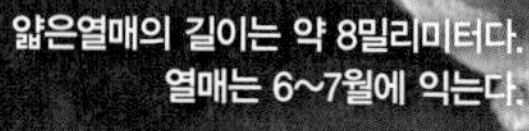

얇은열매의 길이는 약 8밀리미터다. 열매는 6~7월에 익는다.

한 개의 암술이 있으며, 암술머리에 털이 있다.

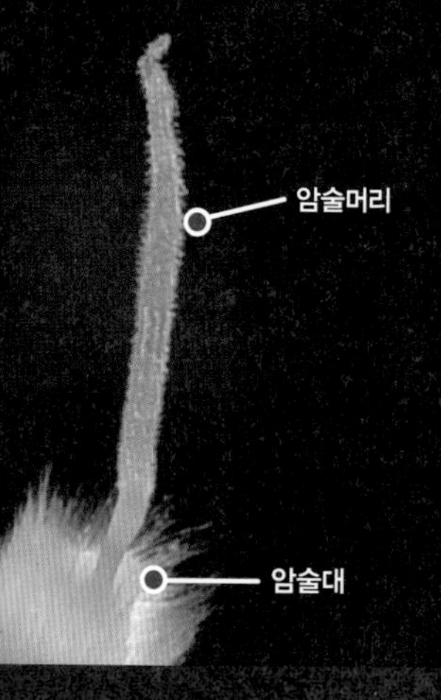

8개의 수술은 꽃받침통부 속에 위아래 두 줄로 붙어 있다.

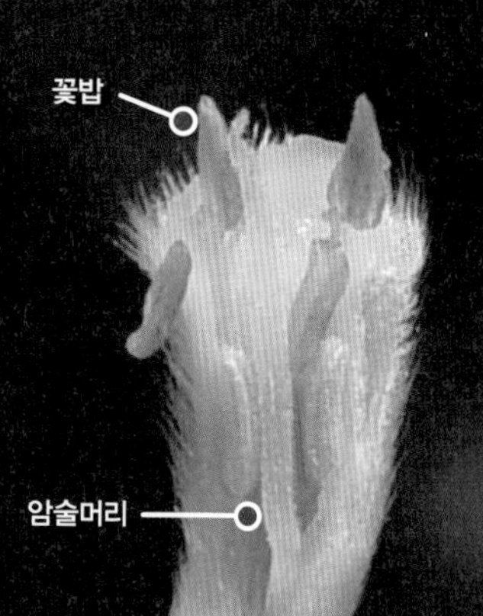

머리꽃차례
꽃받침통은 네 갈래로 갈라지고
길이는 약 12~14밀리미터다.
꽃자루는 아래를 향하며,
길이가 약 1센티미터다.
잎자루
잎자루는 길이가 5~8밀리미터 정도며,
누운털이 있다.
잎은 길이가 8~15센티미터가량이다.
잎은 어긋나게 달리고
넓은 바소꼴 또는 바소꼴이다.
잎 모양의
꽃차례받침
總苞
가지는 흔히
세 갈래로 갈라진다.
약 1~2미터 높이로 자라는
갈잎떨기나무다.

산닥나무

[강화산닥나무]

Wikstroemia trichotoma

—

잎은 길이가 약 2~4센티미터, 폭이 약 1~2센티미터다. 술모양꽃차례總狀花序의 길이는 1~3센티미터 정도며, 7~15개 정도의 꽃이 모여 달린다. 꽃받침통은 네 갈래로 갈라지며, 길이는 약 7~9밀리미터다. 8개의 수술은 위아래 두 줄로 배열된다.

술모양꽃차례의 길이는 1~3센티미터 정도다.

잎 양면에 털이 없다.

열매는 10월에 갈색으로 익는다.

얇은열매는 길이가 5~6밀리미터가량이다.

씨앗은 뾰족한 달걀꼴이며 능선이 있다.

꽃받침통은 네 갈래로 갈라진다.

꽃받침통의 길이는
7~9밀리미터 정도다.

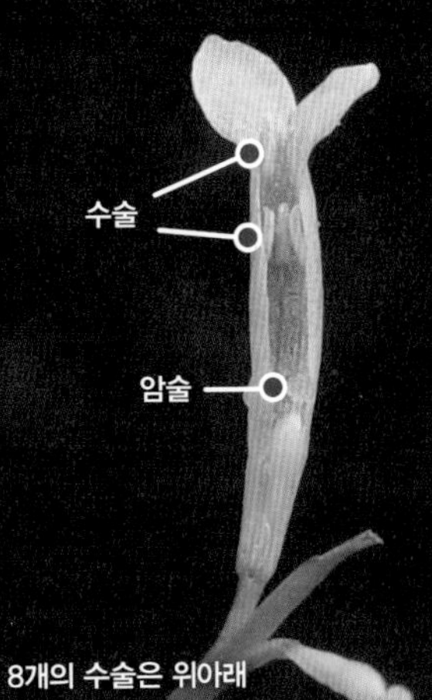

8개의 수술은 위아래
두 줄로 배열된다.

잎자루의 길이는
2밀리미터 정도며
털이 없다.

잎은 길이가 2~4센티미터,
폭이 1~2센티미터가량이다.

잎은 마주 달리며
모양은 달걀꼴에서
달걀같은 길둥근꼴楕圓形까지 있다.

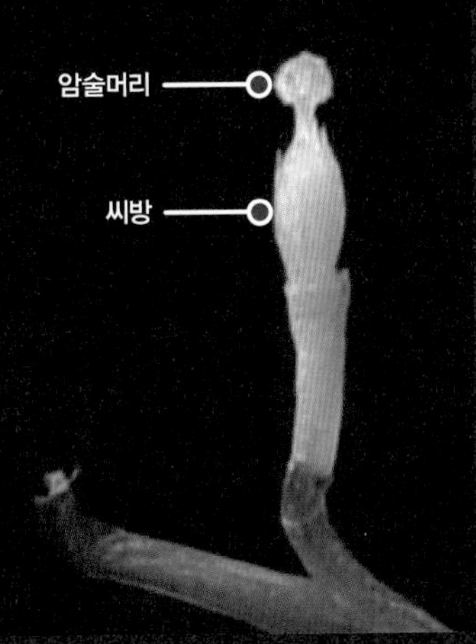

암술은 한 개이고 씨방은 달걀꼴이다.

어린 가지에 털이 없다.

약 1~2미터 높이로
갈잎떨기나무다.

뜰보리수

[녹비늘보리수나무]

Elaeagnus multiflora

—

보리수*E. umbellata*에 비해 잎의 길이가 3~10센티미터, 폭이 2~5센티미터 정도로 약간 크다. 굳은씨열매의 지름은 1.2~1.5센티미터로 큰 편이며 6월에 익는다. 열매자루果梗의 길이는 약 1.5~5센티미터로 긴 편이다.

꽃은 1~3개가 모여 핀다.

잎 뒷면의 은백색 비늘털鱗毛이 촘촘하다.

열매의 지름
보리수나무: 6~8밀리미터
뜰보리수: 12~15밀리미터

열매자루의 길이
보리수나무: 5~12밀리미터
뜰보리수: 15~50밀리미터

씨앗의 길이는
15밀리머터 정도다.

꽃은 4~5월 흰색이나 연노랑색을 띤다.
꽃받침통
꽃받침통은 길이가 8밀리미터 정도다.
수술
암술
암술은 한 개, 수술은 네 개다.
잎 표면에
비늘털은 점차 없어진다.
잎의 길이는 약 3~10센티미터,
폭은 약 2~5센티미터다.
잎은 어긋나게 달리고
긴 길둥근꼴이다.
2월의 겨울눈冬芽
어린 가지에
적갈색 비늘털이 촘촘하다.
약 2~4미터 높이로 자라는
갈잎떨기나무다.

보리수나무

[볼네나무 · 산보리수나무]

Elaeagnus umbellata

—

어린 가지에 흔히 가시가 있다. 잎은 길이가 3~7센티미터, 폭은 1~2(~2.5)센티미터 정도다. 잎 뒷면에 은백색 비늘털이 촘촘하다. 열매는 지름이 약 6~8밀리미터다. 열매는 9월에 붉은색으로 익는다. 열매자루는 길이는 5~12밀리미터 정도다.

꽃은 4월에 1~7개가 모여 핀다.

잎 뒷면에 은백색 비늘털이 촘촘하다.

굳은씨열매의 지름은 6~8밀리미터가량이다.

열매자루의 길이
보리수나무: 5~12밀리미터
뜰보리수: 15~50밀리미터

씨앗은 길이가 약 5~6밀리미터다.

꽃받침통의 길이는 약 5~7밀리미터다.

꽃받침통은 네 갈래로 갈라진다.

암술은 한 개, 수술은 네 개다.

잎 표면의 털은 곧 떨어진다.

잎은 길이가 3~7센티미터,
폭이 1~2(~2.5)센티미터 정도다.

잎은 어긋나게 달리고
긴 길둥근꼴이다.

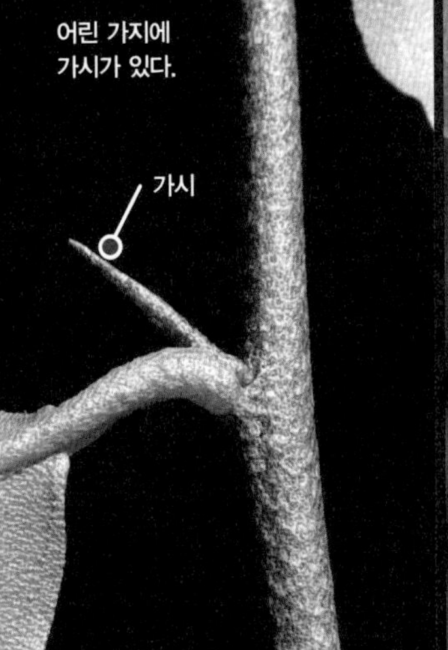

어린 가지에
가시가 있다.

어린 가지에
은색 비늘털이 촘촘하다.

약 2~4미터 높이로 자라는
갈잎떨기나무다.

418
보리수나무과

긴보리수나무

Elaeagnus umbellata* var. *longicarpa

—

보리수*E. umbellata*에 비해 열매의 길이가 7~8밀리미터, 지름이 5밀리미터 정도로 작다.

꽃은 4월에 1~7개가 모여 핀다.

잎 뒷면에 은백색 비늘털이 촘촘하다.

굳은씨열매는 길이가 7~8밀리미터, 지름이 5밀리미터 정도다.

열매의 지름 비교
보리수: 6~8밀리미터
긴보리수: 5밀리미터

열매가 많이 달린다.

꽃받침통은 길이가
약 0.5~1.2센티미터다.

꽃받침통은 네 갈래로 갈라진다.

암술은 한 개, 수술은 네 개다.

잎 표면에 비늘털은
점차 없어진다.

잎의 길이는 3~7센티미터,
폭은 1~2.5센티미터 정도다.

잎은 어긋나게 달리고
긴 길둥근꼴이다.

흔히 가지에 가시가 있다.

어린 가지에
은백색~적갈색
비늘털이 빽빽하다.

약 3~4미터 높이로 자라는
갈잎떨기나무다.

왕보리수나무

[넓은잎보리수 · 당보리수나무 · 민보리수나무]

Elaeagnus umbellata var. coreana

—

보리수*E. umbellata*에 비해 잎이 넓은 길둥근꼴~둥근꼴圓形까지 다양하다. 잎은 길이가 약 9센티미터, 폭이 약 4~5센티미터다.

꽃은 4월에 1~7개가 모여 핀다.

잎 뒷면에 은백색 비늘털이 촘촘하다.

굳은씨열매의 지름은 6~8밀리미터 정도다.

열매자루의 길이는 약 5~12밀리미터다.

씨앗의 길이는 7밀리미터 정도다.

꽃받침통은 길이가 5~7밀리미터 정도다.

꽃받침갈래통은 네 갈래로 갈라진다.

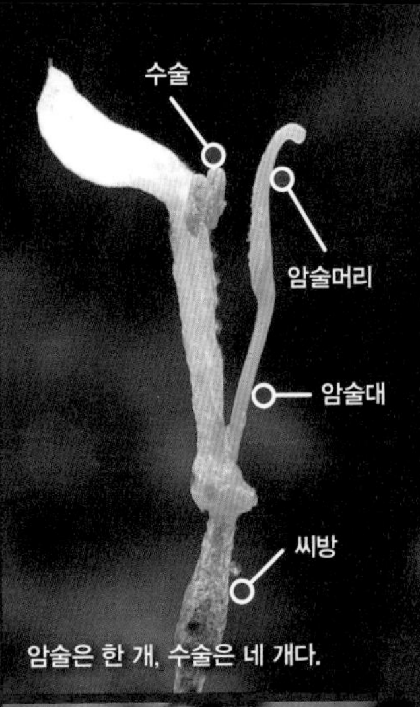

암술은 한 개, 수술은 네 개다.

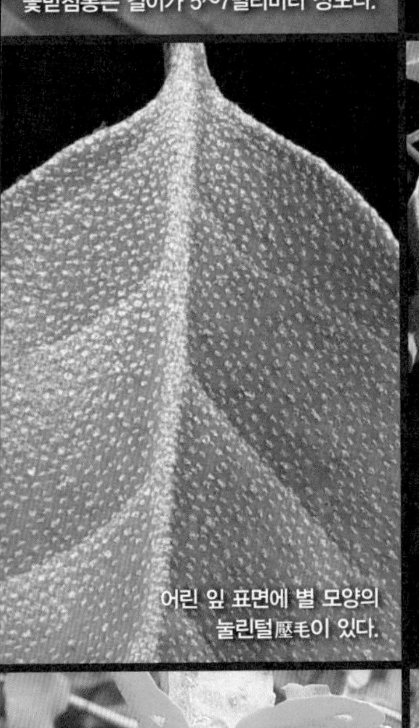
어린 잎 표면에 별 모양의
눌린털壓毛이 있다.

잎의 길이는 9센티미터,
폭은 4~5센티미터가량이다.

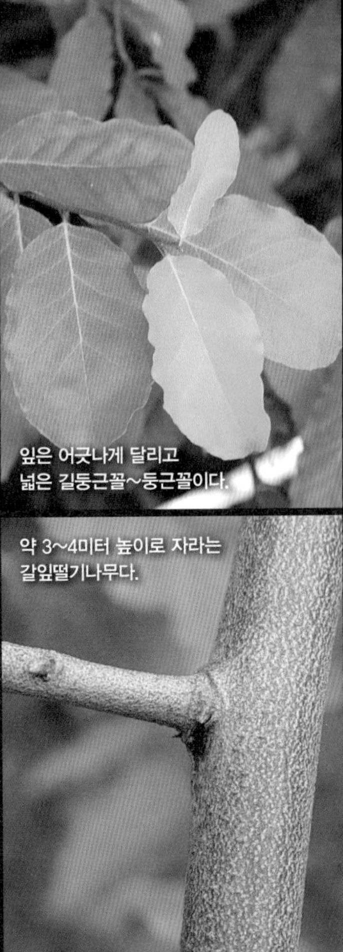
잎은 어긋나게 달리고
넓은 길둥근꼴~둥근꼴이다.

약 3~4미터 높이로 자라는
갈잎떨기나무다.

줄기가시莖針가 있고,
줄기가시에서 새 가지가 돋는다.

어린 가지에 은백색~적갈색의
비늘털이 많다.

이나무

[의나무 · 위나무]

Idesia polycarpa

—

잎은 어긋나게 달리고 염통꼴心臟形이다. 잎은 길이가 10~25센티미터, 폭이 8~20센티미터 정도로 크다. 잎자루의 길이는 약 5~15센티미터이며, 잎자루에는 1~3개의 샘물질線體이 있다. 공모양球形의 물열매漿果는 지름이 약 8~10밀리미터이며, 붉은색으로 익는다.

열매는 11월에 붉은색으로 익는다.

물열매는 지름이 8~10밀리미터 정도로, 공모양이다.

씨앗의 지름은 2~3밀리미터가량이다.

암수딴그루이며 꽃잎이 없다. 수꽃의 지름은 1.2~1.6센티미터가량이다.

암꽃차례

암꽃은 지름이 1센티미터 정도다.

잎자루는 길이가 5~15센티미터이며 잎자루에는 1~3개의 샘물질이 있다.

잎은 길이가 10~25센티미터, 폭이 8~20센티미터 정도다.

잎은 어긋나게 달리고 염통꼴이다.

암꽃의 수술은 퇴화한다.

어린 가지에 털이 없다.

약 10~15미터 높이로 자라는 갈잎큰키나무다.

꽃은 잎 겨드랑이에 달리며,
지름이 6~8(~10)센티미터가량이다.

잎 양면에 털이 없다.

시계꽃

[시계초]

Passiflora caerulea

[blue passionflower]

—

줄기에서 덩굴손이 자라 다른 물체를 감고 올라간다. 잎은 어긋나게 달리고, 손바닥 모양으로 깊게 갈라진다. 꽃은 잎 겨드랑이에 달리며, 지름은 6~8(~10)센티미터가량이다. 덧꽃부리副花冠의 아래쪽은 흑청색이고, 가운데는 흰색이며 끝 부분은 밝은 청색이다.

물열매는 길둥근꼴이며
꽃싸개苞가 남아 있다.

물열매의 길이는 6센티미터이고,
지름은 4센티미터 정도다.

세 개의 꽃싸개가 있다.

꽃덮이조각
花被片
꽃덮이조각은 열 개이며
수평으로 펼쳐진다.
수술처럼 보이는 덧꽃부리는
수평으로 펼쳐지며, 꽃덮이조각보다 짧다.
꽃덮이조각
덧꽃부리
수술은 다섯 개이며 연한 초록색이다.
암술대는 세 갈래로 갈라진다.
암술
수술
줄기에서 덩굴손이 자라
다른 물체를 감고 올라간다.
잎의 길이는 5~7센티미터,
폭은 6~8센티미터 정도다.
잎은 어긋나게 달리고,
손바닥 모양으로
깊게 갈라진다.
덧꽃부리의 아래쪽은 흑청색이고,
가운데는 흰색이며
끝부분은 밝은 청색이다.
덧꽃부리
턱잎托葉은
길이가
약 1.2센티미터다.
어린 가지에
능선이 있다.
줄기가 약 3~7미터 길이로 자라는
늘푸른덩굴나무常綠蔓莖木다.

위성류

Tamarix chinensis

—

꽃은 5월(봄)과 9월(가을) 1년에 두 번 핀다. 봄꽃은 작년 가지에 달리고, 가을 꽃은 햇가지에 달린다. 꽃은 길이 3~6센티미터 정도의 술모양꽃차례가 모여 겹술모양꽃차례複總狀花序를 이룬다.

꽃은 길이 3~6센티미터 정도의 술모양꽃차례가 모여 겹술모양꽃차례를 이룬다.

잎은 약간 백록색을 띤다.

튀는열매蒴果는 길이 3밀리미터 정도다.

씨앗 끝에 긴 털이 있어 바람에 날아간다.

열매껍질果皮은 3갈래로 갈라진다.

꽃잎
꽃받침
꽃은 5월(봄)과, 9월(가을),
1년에 두 번 핀다.
암술머리
수술은 5개,
암술머리는 3갈래로 갈라진다.
수술대
아래쪽
수술대 아래쪽은 굵어지지 않는다.
잎자루는 없으며,
잎의 아래쪽은 가지를 둘러싼다.
잎은 길이 1밀리미터 이하이다.
잎은 어긋나게 달리고
비늘 모양에 가깝다.
가지는 아래로 처진다.
어린 가지에 털이 없다.
높이 3~6미터 정도 자라는
갈잎작은키나무落葉小喬木다.

꽃차례는 가지 끝에 달린다. 꽃은 길이 3~6센티미터 정도의 술모양꽃차례가 모여 원뿔꽃차례를 이룬다.

잎은 연한 초록색이다.

향성류

[평양위성류]

Tamarix juniperina

—

위성류*T. chinensis*에 비해 꽃은 5월(봄)과 6, 7월(여름)에 피지만, 9월(가을)에는 피지 않는다. 꽃차례는 가지 끝 부분에 달린다. 꽃은 길이 3~6센티미터 정도의 술모양꽃차례가 모여 원뿔꽃차례를 이룬다.

열매는 튀는열매다.

열매는 길이 3밀리미터 정도다.

열매껍질은 3갈래로 갈라지며, 씨앗은 끝에 긴 털이 있어 바람에 날아간다.

꽃은 5월(봄)과 6,7월(여름)에 피지만,
9월(가을)에는 피지 않는다.

수술은 5개,
암술머리는 3갈래로 갈라진다.

수술대 아래쪽은 굵어 진다.

잎자루는 없다.

잎은 길이 1.5~2밀리미터 정도다.

잎은 어긋나게 달리고
비늘 모양에 가깝다.

술모양꽃차례

어린 가지에 털이 없고,
가지는 아래로 처진다.

높이 3~6미터 정도 자라는
갈잎작은키나무다.

흰배롱나무

Lagerstroemia indica f. alba

—

높이 3~5미터 정도 자란다. 원뿔꽃차례는 길이 15~20센티미터 정도다. 꽃은 흰색으로 8월에 핀다.

원뿔꽃차례는 길이 15~20센티미터 정도다.

잎 뒷면 맥 가에 털이 있다.

튀는열매는 11월에 익는다.

열매는 6(~8)실이다.

열매는 길이 10밀리미터 정도다.

꽃은 지름 4~5센티미터 정도다.
30~40개의 수술 중,
6개는 길이가 길다.
꽃잎은 흰색이며
주름이 진다.
잎자루는 짧다.
잎은 길이 3~7센티미터 정도다.
잎은 버금마주亞對生나며
길둥근꼴이다.
씨앗은 길이 7~9밀리미터 정도며
날개가 있다.
어린 가지에
털이 없고
능선이 있다.
높이 3~5미터 정도 자라는
갈잎작은키나무다.

석류나무

[석누나무]

Punica granatum

—

가지는 4각이 지며, 줄기가시가 있다. 잎은 마주 달리며 긴 길둥근꼴이다. 쌍성꽃兩性花은 5~7월 주홍색으로 핀다. 꽃받침통은 육질의 통 모양이고 6갈래로 갈라진다. 꽃잎은 6개이며, 수술은 다수이고 암술은 1개다. 열매는 지름 5~8센티미터 정도의 공모양이고 끝에 영구꽃받침이 남아있다.

쌍성꽃兩性花은 5~7월 주홍색으로 핀다.

잎 양면에 털이 없다.

석류과石榴果는 지름 5~8센티미터 정도의 공모양이며, 끝에 영구꽃받침宿存顎이 남아 있다.

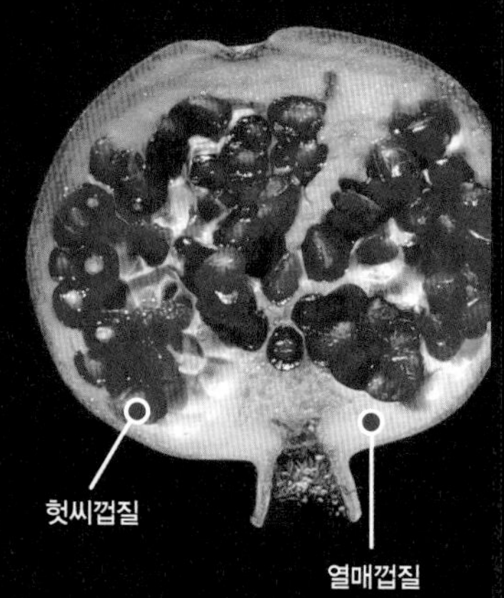

열매껍질은 불규칙하게 갈라지며, 헛씨껍질假種皮은 신맛이 강하다.

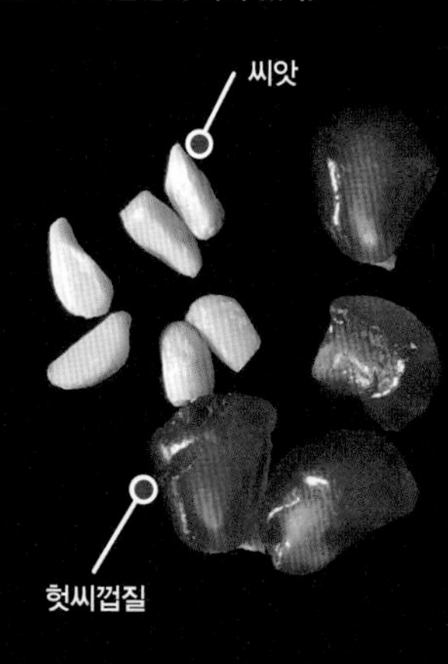

헛씨껍질은 붉은색이고 씨앗은 헛씨껍질에 싸여 있다.

꽃은 길이 15~30밀리미터,
지름 1~2센티미터 정도다.

꽃받침통은 육질의 통 모양이고
6갈래로 갈라진다.

수술은 다수이고 암술은 1개다.

짧은 잎자루가 있다.

잎은 길이 2~9센티미터,
폭 1~2센티미터 정도다.

잎은 마주 달리며 긴 길둥근꼴이다.

짧은 줄기가시가 있다.

가지는 4각이 지고
털이 없다.

높이 2~6미터 정도 자라는
갈잎작은키나무다.

5월, 1~5개의 흰색 꽃이 모여 작은모임꽃차례聚散花序를 이룬다.

박쥐나무

[누른대나무, 털박쥐나무]

Alangium platanifolium var. trilobum

—

잎은 3~5갈래로 얕게 갈라진다. 잎은 길이 7~20센티미터, 폭 7~20센티미터 정도다. 8개의 꽃잎은 줄꼴線形이며 길이 25밀리미터 정도다. 암술은 1개, 수술은 12개다. 작은 꽃자루에 고리마디環節가 있다. 굳은씨열매는 8월 청색으로 익는다.

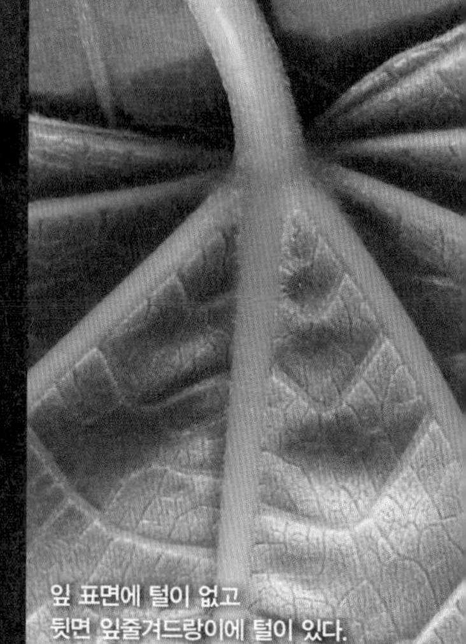

잎 표면에 털이 없고 뒷면 잎줄겨드랑이에 털이 있다.

열매는 8월 청색으로 익는다.

굳은씨열매는 길이 7~8밀리미터 정도다.

씨앗은 검은색이며 능선이 있다.

꽃잎
8개의 꽃잎은 줄꼴이며
길이 25밀리미터 정도다.
고리마디
수술대
암술
작은 꽃자루에
고리마디가 있다.
암술대와 수술대에 털이 있다.
꽃잎 아래쪽은 서로 붙어 있고,
꽃이 피면 꽃잎은 뒤로 말린다.
잎자루는 길이 2~10센티미터 정도며
털이 있다.
잎은 길이 7~20센티미터 정도다.
잎은 3~5 갈래로 얕게 갈라진다.
잎은 어긋나게 달리고
5각상 둥근꼴이다.
가을 단풍은 노란색
10월 단풍
어린 가지에 털이 있다.
겨울눈
높이 2~3미터 정도 자라는
갈잎떨기나무다.

5월, 1~5개의 흰색 꽃이 모여 작은모임꽃차례를 이룬다.

잎 표면에 짧은 털이 있고 뒷면에 털이 촘촘히 많다.

단풍박쥐나무

[단풍잎박쥐나무, 개박쥐나무]

Alangium platanifolium

—

박쥐나무*A. platanifolium var. trilobum*에 비해 잎은 중간정도까지 좀 더 깊이 갈라진다. 잎 표면에 짧은 털이 있고 뒷면에 털이 촘촘히 많다. 열매는 흑청색으로 익는다.

굳은씨열매는 길이 7~8밀리미터 정도다.

열매의 색깔 비교
단풍박쥐나무: 흑청색
박쥐나무: 청색

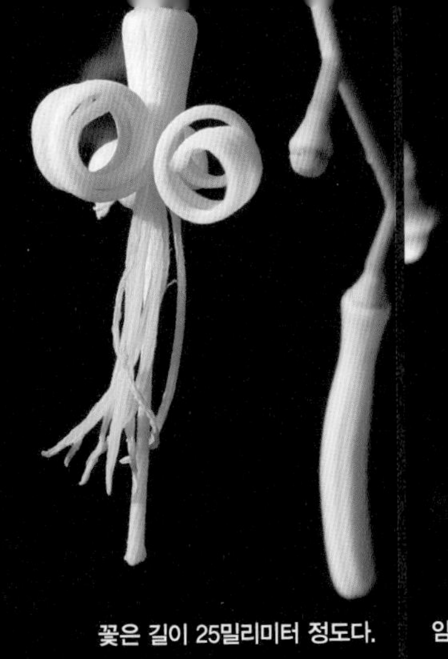

꽃은 길이 25밀리미터 정도다.

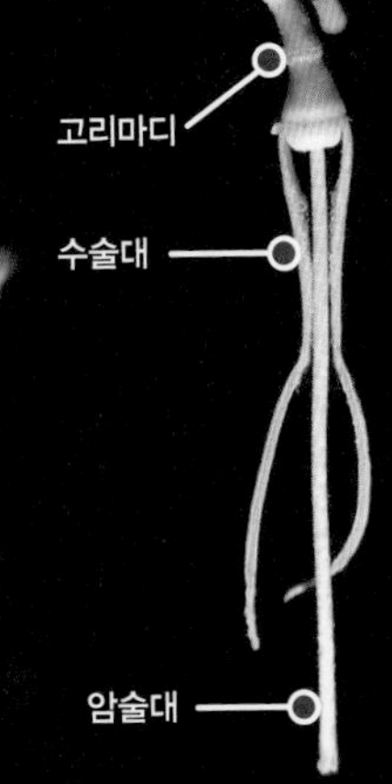

암술대와 수술대에 털이 있다.

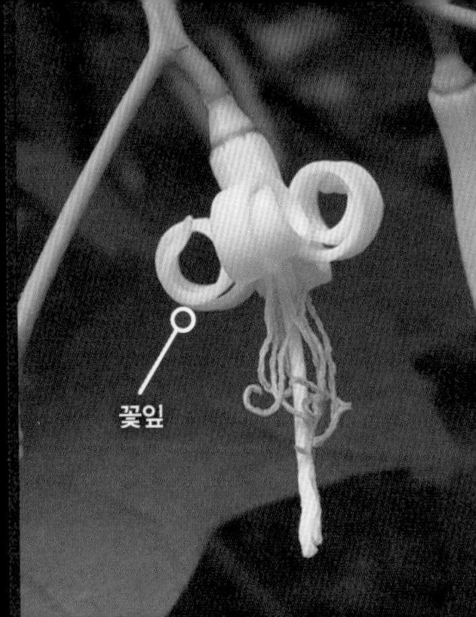

꽃잎 아래쪽은 서로 붙어 있고,
꽃이 피면 꽃잎은 뒤로 말린다.

잎자루는 길이 2~10센티미터 정도며
털이 있다.

잎은 길이 6~12센티미터,
폭 5~12센티미터 정도다.
잎은 3~5 갈래로 박쥐나무에 비해
깊게 갈라진다.

잎은 어긋나게 달리고
깊게 갈라진다.

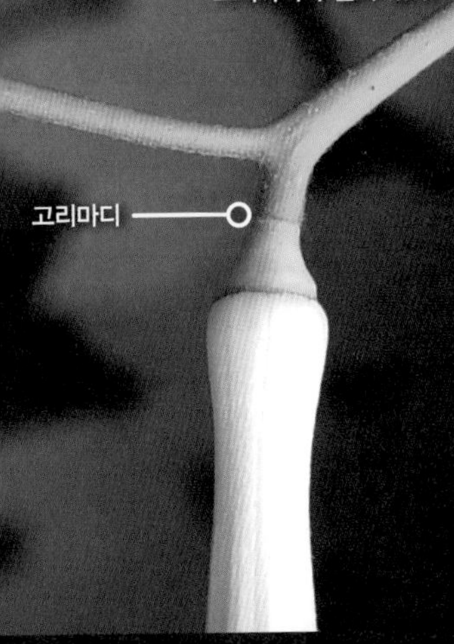

작은 꽃자루에
고리마디와 털이 있다.

어린 가지에 잔 털이 있다.

높이 2~3미터 정도 자라는
갈잎떨기나무다.

원뿔꽃차례는 암수딴그루이고 3~4월에 자갈색으로 핀다.

잎 양면에 털이 없다.

식나무

[넓적나무, 청목]

Aucuba japonica

—

어린 가지는 녹색이며 광택이 있다. 잎은 마주 달리며 길둥근 모양의 달걀꼴이다. 암수딴그루이고 원뿔꽃차례는 3~4월에 자주색으로 핀다. 굳은씨열매는 길둥근꼴이고 길이 15~20밀리미터 정도며 붉은색으로 익는다.

굳은씨열매는 길둥근꼴이며 11월에 붉은색으로 익는다.

열매는 지름 15~20밀리미터 정도다.

꽃봉오리가 터지는 모습

수꽃은 자주색이고
꽃잎과 수술은 4개씩이다.

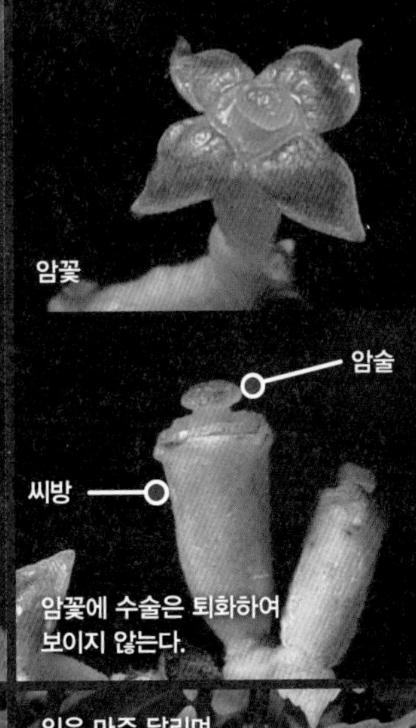

암꽃에 수술은 퇴화하여
보이지 않는다.

잎 가장자리에 치아상의 톱니가 있다.

잎은 길이 8~25센티미터,
폭 2~10센티미터 정도다.

잎은 마주 달리며
길둥근 모양의 달걀꼴이다.

암꽃차례는 길이 5~8센티미터 정도다.

어린 가지는 녹색이며 털이 없다.

높이 3미터 정도 자라는
늘푸른떨기나무다.

금식나무

Aucuba japonica f. variegata

—

잎은 어긋나게 달리고 길둥근 모양의 달걀꼴 또는 길둥근 모양의 바소꼴이다. 잎에 노란색 얼룩점斑點이 있는 특징이 있다. 암수딴그루이며 3~4월 원뿔꽃차례에 꽃이 핀다. 열매는 길이 15~20밀리미터 정도고 길둥근꼴이며 10월에 붉은색으로 익는다.

암수딴그루이며 3~4월
원뿔꽃차례에 꽃이 달린다.

잎 양면에 털이 없다.

초기 열매

굳은씨열매는
10월에 붉은색으로 익는다.

열매는 길둥근꼴이며
길이 15~20밀리미터 정도다.

꽃싸개
흰색의 긴 꽃싸개는 일찍 떨어진다.
암술대는 짧고 암술머리는 편평하다.
암꽃에 꽃잎은 자주색이고
수술은 퇴화한다.
잎 가에 치아상의 톱니가 있다.
노란색
얼룩점
잎은 길이 15~20센티미터 정도다.
잎은 마주 달리며
길둥근 모양의 달걀꼴 또는
길둥근 모양의 바소꼴이다.
새잎
가지는 녹색이며
털이 없다.
높이 3미터 정도 자라는
늘푸른떨기나무다.

산수유

[산수유나무]

Cornus officinalis

—

나무껍질은 불규칙하게 얇은 조각으로 벗겨진다. 잎의 곁맥側脈은 4~7쌍이다. 꽃은 3~4월 잎보다 먼저 노란색으로 핀다. 우산꽃차례傘形花序에 20~30개의 꽃이 모여 달린다. 굳은씨열매는 긴 길둥근꼴이고 길이 15~20밀리미터 정도다.

꽃은 3~4월 잎보다 먼저 노란색으로 핀다.

잎 뒷면에 털이 있고, 잎줄겨드랑이에 털이 많다.

굳은씨열매는 긴 길둥근꼴이고 길이 15~20밀리미터 정도다.

씨앗은 길이 8~12밀리미터 정도다.

4월, 꽃이 진 후 모습

우산꽃차례에 20~30개의 꽃이 모여 달린다.

꽃차례받침조각總苞片은 4개이고 길둥근꼴이며 끝이 뾰족하다.

꽃잎과 수술은 4개씩이며 꽃잎은 뒤로 젖혀진다.

7월 잎의 모습

잎은 길이 4~12센티미터, 폭 3~6센티미터 정도고 곁맥은 4~7쌍이다.

잎은 마주 달린다.

높이 4~7미터 정도 자라는 갈잎작은키나무다.

어린 가지에 털은 없어진다.

나무껍질은 불규칙하게 얇은 조각으로 벗겨진다.

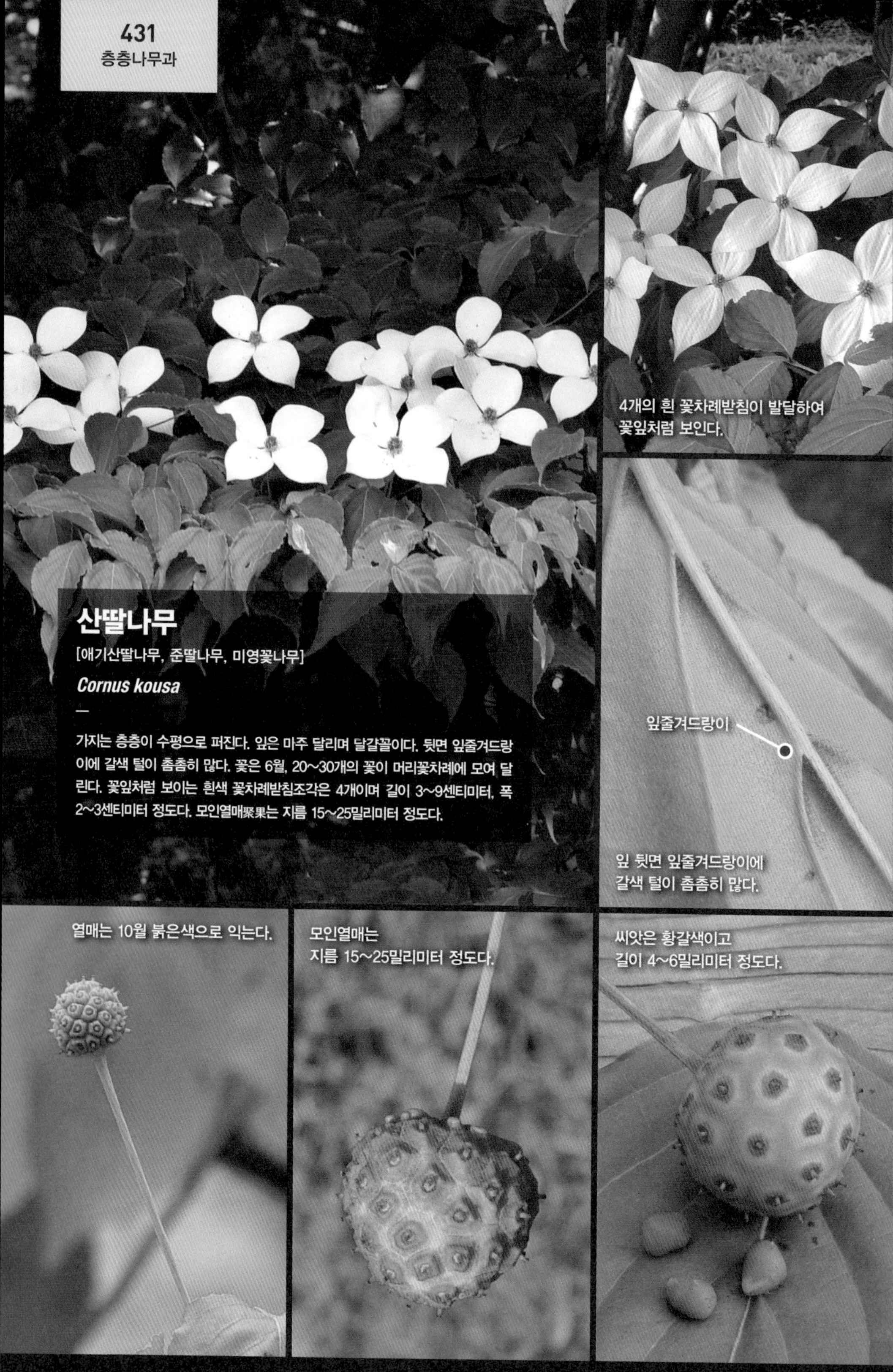

산딸나무

[애기산딸나무, 준딸나무, 미영꽃나무]

Cornus kousa

—

가지는 층층이 수평으로 퍼진다. 잎은 마주 달리며 달갈꼴이다. 뒷면 잎줄겨드랑이에 갈색 털이 촘촘히 많다. 꽃은 6월, 20~30개의 꽃이 머리꽃차례에 모여 달린다. 꽃잎처럼 보이는 흰색 꽃차례받침조각은 4개이며 길이 3~9센티미터, 폭 2~3센티미터 정도다. 모인열매聚果는 지름 15~25밀리미터 정도다.

4개의 흰 꽃차례받침이 발달하여 꽃잎처럼 보인다.

잎 뒷면 잎줄겨드랑이에 갈색 털이 촘촘히 많다.

열매는 10월 붉은색으로 익는다.

모인열매는 지름 15~25밀리미터 정도다.

씨앗은 황갈색이고 길이 4~6밀리미터 정도다.

20~30개의 꽃이 모여
머리꽃차례를 이룬다.
수술
꽃잎
꽃잎과 수술은 각각 4개씩이다.
꽃차례받침
꽃차례받침조각은 4개이며
길이 3~9센티미터,
폭 2~3센티미터 정도다.
잎자루는 짧고
가지를 둘러싼다.
잎은 길이 5~12센티미터,
폭 3~7센티미터 정도다.
잎은 마주 달리며
달걀꼴이다.
겨울눈
껍질눈皮目
어린 가지에
털이 거의 없다.
높이 5~10미터 정도 자라는
갈잎작은키나무다.

층층나무

[물깨금나무, 꺼그렁나무]

Cornus controversa

—

높이 10~20미터 정도 자란다. 가지가 수평으로 돌려 달려서 층층을 이룬다. 편평꽃차례散房花序는 지름 5~12센티미터 정도며 5월 흰색 꽃이 핀다. 꽃잎과 수술은 4개씩이며 암술은 1개다. 열매에 암술대가 남아있으며 8월에 검은색으로 익는다.

편평꽃차례는 지름 5~12센티미터 정도다.

잎 양면에 누운털이 있다.

굳은씨열매는 지름 6~7밀리미터 정도다.

열매에 암술대
층층나무: 있다.
말채나무: 없다.

씨앗은 지름 5~6밀리미터 정도며 능선이 있다.

5월 흰색 꽃이 핀다.
꽃잎과 수술은 4개씩이며
암술은 1개다.
암술대
작은 꽃자루
작은 꽃자루는
길이 1~3센티미터 정도며 털이 있다.
잎의 배열
층층나무: 어긋나기
말채나무: 마주나기
잎자루는 길이 3~5센티미터 정도고
털이 있으나 없어진다.
잎은 길이 6~12센티미터,
폭 3~8센티미터 정도다.
새잎은 자주색이다.
가지가 수평으로 펼쳐져 층층을 이룬다.
높이 10~20미터 정도 자라는
갈잎큰키나무다.

433
층층나무과

말채나무

[말채목]

Cornus walteri

—

오래된 줄기의 나무껍질은 그물 모양網狀으로 깊이 갈라진다. 잎은 마주 달리며 길둥근꼴~달걀꼴이다. 곁맥은 4(~5)쌍이다. 열매는 지름 6~7밀리미터 정도며 암술대가 없다.

편평꽃차례는
지름 7~8센티미터 정도다.

잎 양면에 누운털이 있다.

굳은씨열매는
지름 6~7밀리미터 정도다.

열매에 암술대
층층나무: 있다.
말채나무: 없다.

씨앗은 지름 5밀리미터 정도다.

5월 흰색 꽃이 핀다.

꽃잎과 수술은 4개씩이며
암술은 1개다.

작은 꽃자루에 털
층층나무: 있다.
말채나무: 없다.

곁맥의 숫자
층층나무: 6~9쌍
말채나무: 4(~5)쌍

잎은 길이 5~14센티미터,
폭 3~8센티미터 정도다.

잎의 배열
층층나무: 어긋나게 달리기
말채나무: 마주 달리기

잎은 마주 달리며
길둥근꼴~달걀꼴이다.

잎자루는 길이 1~3센티미터
정도고 털이 있다.

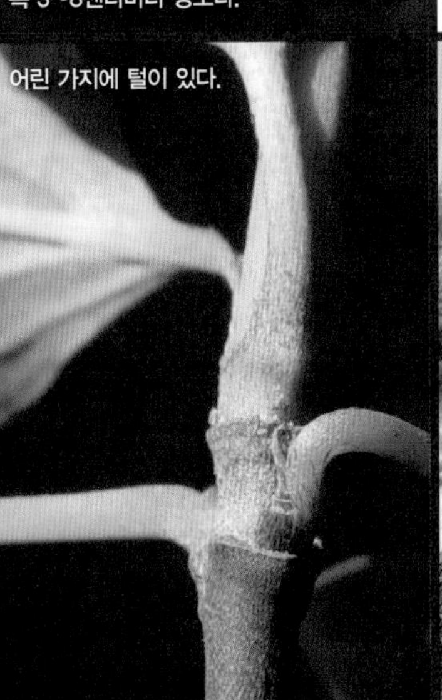

어린 가지에 털이 있다.

나무껍질의 모습
층층나무: 얕게 터진다.
말채나무: 깊이 갈라진다.

높이 10~15미터 정도 자라는
갈잎큰키나무다.

434
층층나무과

곰의말채나무

[곰말채나무, 곰의말채]

Cornus macrophylla

—

말채나무*C. walteri* 에 비해 곁맥은 5~8쌍으로 많다. 잎은 길이 8~18센티미터 정도로 말채나무보다 약간 크다.

편평꽃차례는
지름 8~14센티미터 정도다.

잎 표면에 누운털이 있고,
뒷면에 누운털이 많다.

굳은씨열매는
지름 7~8밀리미터 정도다.

씨앗은 지름 6밀리미터 정도다.

잎자루는 길이 1~3센티미터 정도고
털이 있다.

5월 흰색 꽃이 핀다.
꽃잎과 수술은 4개씩이며
암술은 1개다.
암술대와 작은 꽃자루에 털이 없다.
암술
1
2
3
4
5
6
7
곁맥의 숫자
말채나무: 4(~5)쌍
곰의말채: 5~8쌍
잎은 길이 8~18센티미터 정도다.
잎은 마주 달리며 넓은 달걀꼴이다.
꽃잎은 길이 5밀리미터 정도며
뒤로 말린다.
어린 가지에 털이 있다.
나무껍질은 그물 모양으로
깊이 갈라진다.
높이 10~15미터 정도 자라는
갈잎큰키나무다.

흰말채나무

[붉은말채]

Cornus alba

—

줄기는 가을~겨울에 붉은색으로 변한다. 어린 가지에 털이 없다. 굳은씨열매는 지름 8밀리미터 정도고 6월에 흰색으로 익는다. 씨앗은 미끈거리는 흰 열매살果肉에 싸여있다.

편평꽃차례는
지름 4~5센티미터 정도다.

잎 표면에 누운털이 있고
뒷면에 잔털이 있다.

열매는 6월에 흰색으로 익는다.

굳은씨열매는 지름 8밀리미터 정도다.

씨앗은 지름 6밀리미터 정도며
미끈거리는粘質 열매살果肉에 싸여있다.

5월 흰색 꽃이 핀다.
꽃잎과 수술은 각 4개씩이며
암술은 1개다.
작은 꽃자루에 털이 있다.
곁맥은 4~6쌍이다.
잎은 길이 5~10센티미터 정도다.
잎은 마주 달리며
길둥근꼴~달걀꼴이다.
줄기는 가을~겨울에 붉은색으로 변한다.
높이 2~3미터 정도 자라는
갈잎떨기나무다.
어린 가지에
털이 없다.

노랑말채나무

Cornus sericea

—

흰말채나무*C. alba*에 비해 줄기가 노란색이다.

5월 흰색 꽃이 핀다.
꽃잎과 수술은 각 4개씩이며
암술은 1개다.
작은 꽃자루에 털이 있다.
잎은 길이 5~10센티미터 정도다.
곁맥은 4~6쌍이다.
잎은 마주 달리며
길둥근꼴이다.
잎자루에 털이 없다.
어린 가지에 털이 없다.
겨울눈
줄기는 노란색이다.
높이 2~3미터 정도 자라는
갈잎떨기나무다.

오갈피나무

[오갈피]

Eleutherococcus sessiliflorus

—

어린 가지에 털이 없고 가시도 거의 없다. 잎 뒷면 맥 위에 털이 있다. 잎줄기葉軸는 길이 3~12센티미터 정도고 털이나 가시가 없다. 꽃은 자주색이며 지름 5~6밀리미터 정도다.

꽃은 8월, 3~9개의 우산꽃차례에 쌍성꽃이 모여 달린다.

잎 뒷면 맥 위에 털이 있다.

굳은씨열매는 길이 10~14밀리미터 정도다.

열매는 10월에 검은색으로 익는다.

씨앗은 길이 5~6밀리미터 정도다.

꽃은 자주색으로 핀다.
꽃잎과 수술은 각 5개씩이며,
암술은 1개다.
꽃은 지름 5~6밀리미터 정도다.
꽃잎의 색깔
오갈피나무: 자주색
털오갈피: 자주색
지리산오갈피: 연녹색
잎줄기는 길이
3~12센티미터 정도고
털이나 가시가 없다.
잎줄기
작은잎은 길이 8~18센티미터,
폭 3~7센티미터 정도다.
잎은 어긋나게 달리며,
작은잎이 3~5개인
손바닥모양 겹잎掌狀複葉이다.
겨울눈
가시
어린 가지에 털이 없고
가시도 거의 없다.
높이 2~3미터 정도 자라는
갈잎떨기나무다.

털오갈피나무

[개오갈피나무, 개가시오갈피나무, 차빛오갈피]

Eleutherococcus divaricatus

—

오갈피나무*E. sessiliflorus*에 비해 잎 뒷면 맥 위에 갈색 털이 촘촘히 많다. 지리산오갈피나무*E. divaricatus var. chiisanensis*에 비해 잎 뒷면 맥 위에 가시가 없다.

꽃은 8월, 3~7개의 우산꽃차례에 수꽃과 쌍성꽃이 모여 달린다.

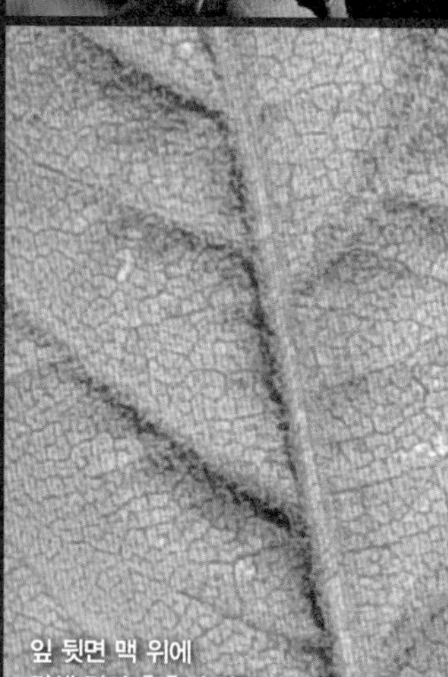

잎 뒷면 맥 위에 갈색 털이 촘촘히 많고 가시가 없다.

굳은씨열매는 길이 6밀리미터 정도다.

열매는 10월에 검은색으로 익는다.

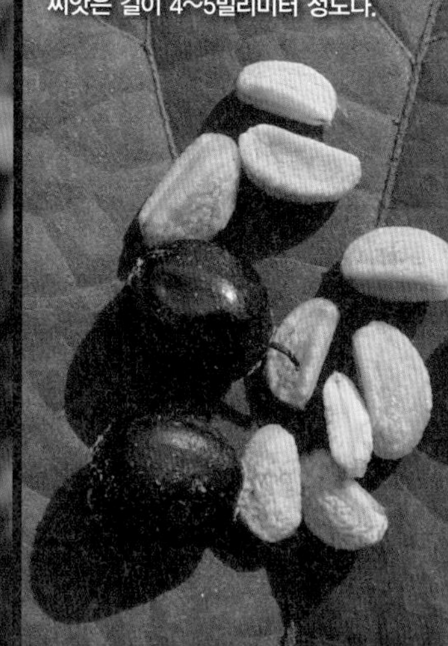

씨앗은 길이 4~5밀리미터 정도다.

꽃은 자줏빛이 도는
황록색이다.
오갈피나무보다
작은 꽃자루가 약간 길다.
꽃잎과 수술은 각 5~6개씩이며,
암술은 1개다.
잎줄기는 길이 3~7센티미터 정도며
갈색 털이 있고 가시는 없다.
잎줄기
작은잎은 길이 3~7센티미터,
폭 15~35밀리미터 정도다.
잎은 어긋나게 달리고,
작은잎이 3~5개인
손바닥모양 겹잎이다.
작은 꽃자루는
길이 6~18밀리미터 정도다.
작은 꽃자루
어린 가지에 털이 있고
오래된 가지에 가시가 있다.
높이 2~3미터 정도 자라는
갈잎떨기나무다.
가시

지리산오갈피

[지리산오갈피나무, 지리오갈피]

Eleutherococcus divaricatus var. chiisanensis

—

오갈피나무*E. sessiliflorus*에 비해 잎줄기와 잎 뒷면 맥 위에 작은 가시가 있다. 잎은 두텁지 않고 얇다. 꽃은 연한 초록색이다.

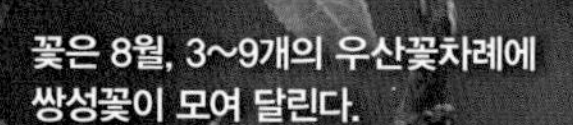

꽃은 8월, 3~9개의 우산꽃차례에 쌍성꽃이 모여 달린다.

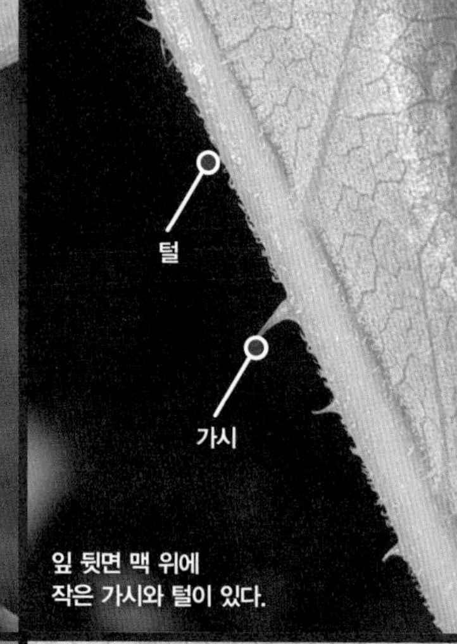

잎 뒷면 맥 위에 작은 가시와 털이 있다.

열매는 10월에 검은색으로 익는다.

굳은씨열매는 길이 6밀리미터 정도다.

씨앗은 납작한 반달 모양이다.

오갈피나무보다
작은 꽃자루가 길다.
꽃잎과 수술은 각 5개씩이며
암술은 1개다.
꽃은 연한
초록색으로 핀다.
가시
잎줄기는 길이 3~7센티미터 정도고
털이 있으며 가시가 있다.
작은잎은 길이 3~8센티미터,
폭 15~30밀리미터 정도다.
잎은 어긋나게 달리며, 작은잎이
3~5개인 손바닥모양 겹잎이다.
줄기에 가시
어린 가지에 잔털이 있고 가시가 있다.
높이 2~3미터 정도 자라는
갈잎떨기나무다.

가시오갈피

[민가시오갈피, 왕가시오갈피]

Eleutherococcus senticosus

—

오갈피나무*E. sessiliflorus*에 비해 가지의 가시는 가늘고 길며 줄기 전체에 가시가 촘촘히 많다. 꽃은 흰색으로 핀다.

꽃은 6월, 1~6개의 우산꽃차례에 수꽃과 쌍성꽃이 모여 달린다.

잎 표면에 약간의 털이 있고 뒷면 맥 위에 털이 많다.

굳은씨열매는 길이 8~10밀리미터 정도다.

열매는 10월에 검은색으로 익는다.

열매에 5개의 모서리稜角가 있다.

오갈피나무보다
작은 꽃자루가 길다.
수술
꽃잎과 수술은 각 5개씩이며
암술은 1개다.
암술머리는
5갈래로 약간 갈라진다.
암술머리
잎자루는 길이 3~8센티미터 정도며
털이 있고 가시가 있다.
작은잎은 길이 6~13센티미터,
폭 2~4센티미터 정도다.
잎은 어긋나게 달리고
작은잎이 3~5개인
손바닥모양 겹잎이다.
씨앗은 길이 7밀리미터 정도다.
0
1
2
3
가지에 가시는 가늘고 길며,
줄기 전체에 가시가 촘촘히 많다.
높이 2~3미터 정도 자라는
갈잎떨기나무다.

섬오갈피나무

[섬오갈피]

Eleutherococcus gracilistylus

—

오갈피나무*E. sessiliflorus*에 비해 줄기에 삼각형의 납작한 가시가 있다. 작은잎은 거꿀달걀꼴倒卵形이고, 길이 3~5센티미터 정도로 작은 편이다. 잎 뒷면 잎줄겨드랑이에 털이 있고 작은잎자루 아래쪽에 털이 촘촘히 많다. 꽃잎은 연한 녹색이다.

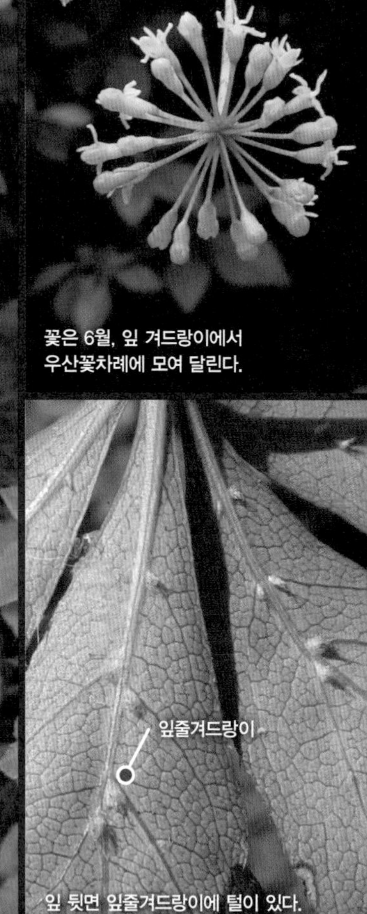

꽃은 6월, 잎 겨드랑이에서 우산꽃차례에 모여 달린다.

잎 뒷면 잎줄겨드랑이에 털이 있다.

열매는 10월에 검은색으로 익는다.

굳은씨열매는 길이 7밀리미터 정도다.

씨앗은 납작한 반달 모양이고 길이 4~5밀리미터 정도다.

꽃잎은 연한 녹색이다.
꽃잎은 5개이며
뒤로 젖혀진다.
암술대
암술대는 아래쪽에서
2갈래로 갈라진다.
작은잎자루 아래쪽에
털이 촘촘히 많다.
작은잎은 길이 3~5센티미터 정도다.
잎은 어긋나게 달리고 작은잎이
5개인 손바닥모양 겹잎이다.
열매자루는 길이 3~6센티미터 정도다.
열매자루
줄기에 삼각형의
납작한 가시가 있다.
높이 1~3미터 정도 자라는
갈잎떨기나무다.

오가나무

[당오갈피, 애기오갈피나무]

Eleutherococcus sieboldianus

—

섬오갈피나무*E. gracilistylus*에 비해 암술머리는 5~7 갈래로 갈라진다. 잎 뒷면 잎줄겨드랑이와, 작은 잎자루 아래쪽에 털이 없다. 열매자루는 길이 5~10센티미터 정도로 섬오갈피나무보다 긴 편이다.

꽃은 5월,
우산꽃차례를 이룬다.

잎 뒷면에 털이 없다.

열매는 10월에
검은색으로 익는다.

굳은씨열매는 길이 7밀리미터 정도다.

열매에 영구암술대宿存花柱와
영구꽃받침이 남아 있다.

꽃은 연한 녹색으로 핀다.
암술머리는 5~7 갈래로
갈라진다.
암술머리
꽃차례는
길이 5~10센티미터 정도로
긴 편이다.
꽃대
작은
잎자루
잎줄기
잎줄기에 털이나 가시가 없다.
작은잎은 거꿀바소꼴이며
길이 2~5센티미터 정도다.
잎은 어긋나게 달리고 작은잎이
5개인 손바닥모양 겹잎이다.
열매자루는 길이 5~10센티미터 정도로
섬오갈피보다 긴 편이다.
열매자루
줄기에 길이 4~7밀리미터 정도의
날카로운 가시가 있다.
가시
높이 1~2미터 정도 자라는
갈잎떨기나무다.

음나무

[엄나무, 개두릅나무, 당음나무]

Kalopanax septemlobus

—

줄기에 예리한 가시가 많이 있다. 잎은 어긋나게 달리고 보통 5~9갈래로 중간 정도까지 갈라진다. 잎 뒷면 잎줄겨드랑이에 털이 촘촘히 많다. 꽃잎과 수술은 5개씩이며 암술대는 두 갈래로 갈라진다.

겹우산꽃차례複傘形花序는 지름 20~30센티미터 정도다.

잎줄겨드랑이

잎 양면에 털이 없지만 뒷면 잎줄겨드랑이에 털이 촘촘히 많다.

열매는 10월에 검은색으로 익는다.

굳은씨열매는 지름 4~5밀리미터 정도다.

씨앗은 길이 3~4밀리미터 정도고 반달 모양이다.

각각의 우산꽃차례는
지름 20~25밀리미터 정도다.

꽃은 녹백색이며
지름 5밀리미터 정도다.

꽃잎과 수술은 각 5개씩이며
암술대는 두 갈래로 갈라진다.

암술

잎자루는 길이 10~50센티미터
정도로 길다.

잎은 길이 10~30센티미터,
폭 10~30센티미터 정도다.

잎은 어긋나게 달리고,
보통 5~9갈래로
중간 정도까지 갈라진다.

잎 가장자리에 잔 톱니가 있다.

줄기에 예리한 가시가 많이 있다.

높이 25~30미터 정도 자라는
갈잎큰키나무다.

가는잎음나무

[가는잎엄나무]

Kalopanax septemlobus f. maximowiczii

—

음나무*K. septemlobus*에 비해 잎의 갈래조각이 좁으며 깊이 갈라진다. 잎 뒷면에 털이 촘촘히 많다.

겹우산꽃차례는 지름 20~30센티미터 정도다.

잎 표면에 털이 없지만 뒷면에 털이 촘촘히 많다.

열매는 10월에 검은색으로 익는다.

굳은씨열매는 지름 4~5밀리미터 정도다.

잎 가장자리에 뾰족한 톱니가 있다.

꽃차례에 털이 없거나
약간 있다.
각각의 우산꽃차례는
지름 20~25밀리미터 정도다.
꽃차례는 햇가지 끝에 달린다.
잎자루는 길이 10~50센티미터
정도로 길다.
잎은 길이 10~30센티미터,
폭 10~30센티미터 정도다.
잎은 어긋나게 달리고
보통 5~9갈래로 깊이 갈라진다.
겨울눈은 붉은색
비늘조각鱗片으로 덮여있다.
겨울눈
줄기에 예리한
가시가 많이 있다.
높이 25~30미터 정도 자라는
갈잎큰키나무다.

털음나무

[큰엄나무, 털엄나무]

Kalopanax septemlobus* var. *magnificus

—

음나무*K. septemlobus*에 비해 잎 뒷면에 털이 촘촘히 많다.

겹우산꽃차례는
지름 20~30센티미터 정도다.

잎 표면에 털이 없지만
뒷면에 털이 촘촘히 많다.

열매는 10월에 검은색으로 익는다.

굳은씨열매는
지름 4~5밀리미터 정도다.

씨앗은 길이 3~4밀리미터 정도다.

긴 꽃자루 끝에 각각의 우산꽃차례가 달린다.

각각의 우산꽃차례는 지름 20~25밀리미터 정도다.

꽃차례

잎자루는 길이 10~50센티미터 정도로 길다.

잎은 길이 10~30센티미터, 폭 10~30센티미터 정도다.

잎은 어긋나게 달리고, 보통 5~9 갈래로 중간 정도까지 갈라진다.

겨울눈은 붉은색 비늘조각으로 덮여 있다.

줄기에 예리한 가시가 많이 있다.

높이 25~30미터 정도 자라는 갈잎큰키나무다.

두릅나무

[드릅나무, 참드릅]

Aralia elata

—

가지에 억센 가시가 많이 있다. 작은잎이 5~11(~13)개인 2회 깃꼴겹잎이다. 잎줄기와 작은잎의 양면 중심맥에 작은 가시가 있다. 겹우산꽃차례는 길이 30~50센티미터 정도다.

꽃은 8월 연한 녹백색으로 핀다.
꽃은 지름 3밀리미터 정도다.
쌍성꽃의 암술대는 5개다.
잎줄기와 작은잎의
양면 중심맥에
작은 가시가 있다.
가시
잎은 어긋나게 달리고
작은잎이 5~11(~13)개인
홀수2회 깃꼴겹잎이다.
작은잎은 길이 5~12센티미터,
폭 2~7센티미터 정도다.
작은잎이 13개
가지에 억센 가시가 많이 있다.
높이 2~5(~10)미터 정도 자라는
갈잎작은키나무다.

애기두릅나무

[애기두릅]

Aralia elata f. canescens

—

두릅나무*A. elata*에 비해 잎 뒷면에 황갈색 털이 촘촘히 많으며 특히 맥 사이에도 털이 촘촘히 많다. 나무는 높이 3~4미터 정도로 약간 키가 작은 편이며 전체적으로 두릅나무보다 가지에 가시의 숫자가 적다.

겹우산꽃차례는 길이 30~50센티미터 정도다.

잎 표면에 약간의 털이 있고 잎 뒷면 맥 위와 맥 사이에도 털이 촘촘히 많다.

열매는 9월 검은색으로 익는다.

굳은씨열매는 지름 3밀리미터 정도다.

두릅나무는 털이 적고

애기두릅은 털이 많다.

잎 뒷면 색깔 비교
상: 두릅나무
하: 애기두릅나무

꽃은 8월, 연한 녹백색으로 핀다.

잎줄기에 작은 가시가 있거나 없다.

꽃은 지름 3밀리미터 정도다.

쌍성꽃의 암술대는 5개다.

작은잎은 길이 10~15센티미터, 폭 4~8센티미터 정도다.

잎은 어긋나게 달리고 홀수2회 깃꼴겹잎이다.

전체적으로 두릅나무보다 가지에 가시의 숫자가 적다.

높이 3~4미터 정도 자라는 갈잎작은키나무다.

황칠나무

Dendropanax trifidus

—

어린 잎은 흔히 3~5 갈래로 갈라진다. 오래된 나무의 잎은 달걀꼴이다. 우산꽃차례는 길이 3~5센티미터 정도고 7월 연한 녹색 꽃이 핀다. 꽃은 지름 5~6밀리미터 정도다. 굳은씨열매는 길이 6~8밀리미터 정도다.

우산꽃차례는
길이 3~5센티미터 정도다.

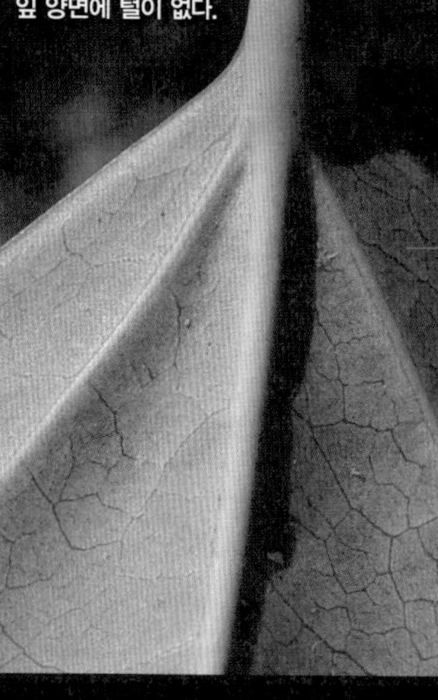

잎 양면에 털이 없다.

열매는 10월
검은색으로 익는다.

굳은씨열매는
길이 6~8밀리미터 정도다.

작은 꽃자루는 길이 10밀리미터 정도다.

꽃쟁반花盤에
꿀샘蜜線이 있다.
꿀샘
꽃은 지름 5~6밀리미터 정도다.
꽃잎과 수술은 각 5개씩이다.
잎자루는 길이 3~10센티미터 정도다.
잎은 길이 10~20센티미터 정도다.
잎은 어긋나게 달리고,
어린 잎은 흔히 3~5 갈래로
갈라진다.
꽃봉오리
어린 가지에
털이 없다.
높이 3~8(~15)미터 정도 자라는
늘푸른큰키나무常綠喬木다.

팔손이

[팔손이나무, 팔각금반]

Fatsia japonica

—

줄기에 V자형 잎자국葉痕이 크게 남아 있다. 잎은 어긋나게 달리고 보통 7~9갈래로 깊게 갈라진다. 잎은 20~40센티미터 정도로 대형이며 손바닥 모양이다. 우산꽃차례가 모인 원뿔꽃차례는 길이 20~40센티미터 정도다. 굳은씨열매는 지름 6~8밀리미터 정도다.

우산꽃차례가 모인 원뿔꽃차례는 길이 20~40센티미터 정도다.

잎 표면에 털이 없고 뒷면 맥 주위에 갈색 털이 있다.

열매는 다음 해 2월에 검은색으로 익는다.

굳은씨열매는 지름 6~8밀리미터 정도다.

씨앗은 길이 5밀리미터 정도다.

꽃은 11월에 유백색으로 핀다.

꽃은 지름 6~8밀리미터 정도다.

암술대는 5(6)개다.

잎 가장자리에 톱니가 있다.

잎은 길이 20~40센티미터
정도로 대형이다.

잎은 어긋나게 달리고
보통 7~9갈래로 깊게 갈라진다.

다음해 3월 열매

꽃잎이 진 후

높이 2~4미터 정도 자라는
늘푸른떨기나무다.

송악

[담장나무, 큰잎담장나무]

Hedera rhombea

—

줄기 길이 10미터 이상 자란다. 줄기에서 공기뿌리氣根가 발생하며 다른 물체에 붙어 자란다. 잎은 어긋나게 달리고 3~5갈래로 얕게 갈라진다. 꽃은 지름 4~5밀리미터 정도다. 굳은씨열매는 지름 8~10밀리미터 정도다.

우산꽃차례는
지름 2~3센티미터 정도다.

어린 잎에 별모양 털星毛이 있으나
점차 없어진다.

열매는 다음 해 6월
검은색으로 익는다.

굳은씨열매는
지름 8~10밀리미터 정도다.

씨앗은 지름 5밀리미터 정도며
모서리가 있다.

꽃은 지름 4~5밀리미터 정도다.

꽃잎과 수술은 각 5개씩이다.

꽃은 9~11월 녹황색으로 핀다.

늙은 가지의 잎은
달걀꼴~마름모꼴이다.

잎은 길이 3~6센티미터,
폭 2~4센티미터 정도다.

잎은 어긋나게 달리고
3~5 갈래로 얕게 갈라진다.

줄기에서 공기뿌리가 발생하여
다른 물체에 붙어 자란다.

공기뿌리

어린 가지에
비늘털鱗毛이 있다.

줄기 길이 10미터 이상 자라는
늘푸른덩굴나무常綠蔓莖木다.

백산차

[털백산차, 북백산차]

Ledum palustre var. diversipilosum

—

높이 20~70센티미터 정도 자란다. 어린 가지에 갈색 털이 촘촘히 많다. 잎은 어긋나게 달리고 줄모양線狀의 바소꼴이다. 잎은 길이 2~8센티미터, 폭 5~10밀리미터 정도다.

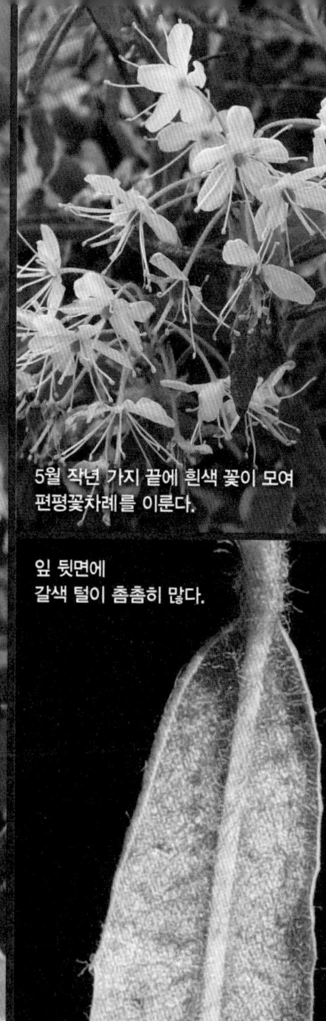

5월 작년 가지 끝에 흰색 꽃이 모여 편평꽃차례를 이룬다.

잎 뒷면에 갈색 털이 촘촘히 많다.

꽃자루는 길이 1~3센티미터 정도다.

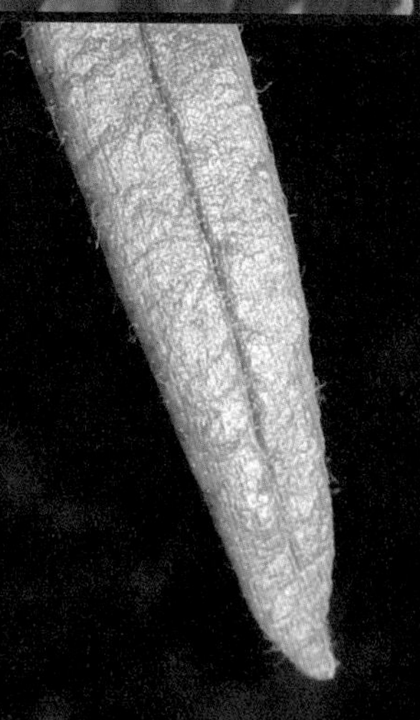

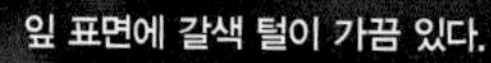

잎 표면에 갈색 털이 가끔 있다.

잎의 폭
백산차: 5~10밀리미터
좁은잎백산차: 2~3밀리미터

꽃은 지름 7~10밀리미터 정도다.

꽃잎은 보통 5개이고
수술은 10개다.

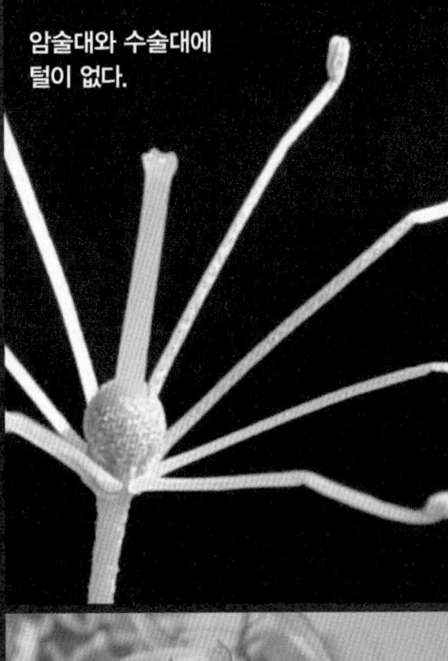

암술대와 수술대에
털이 없다.

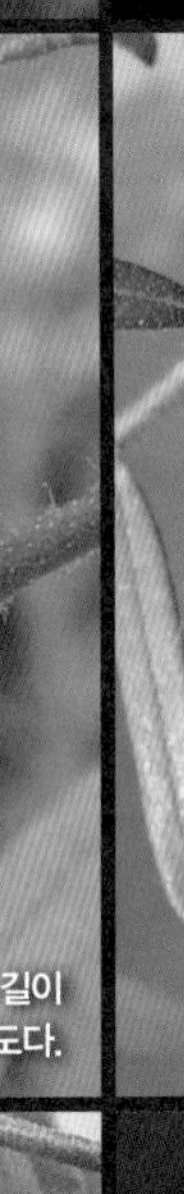

잎자루는 길이
1~5밀리미터 정도다.

잎은 길이 2~8센티미터,
폭 5~10밀리미터 정도다.

잎은 어긋나게 달리고
줄모양線狀의 바소꼴이다.

잎은 어긋나게 달린다.

어린 가지에
갈색 털이 촘촘히 많다.

높이 20~70센티미터 정도 자라는
늘푸른작은떨기나무다.

좁은백산차

[가는잎백산차, 애기백산차]

Ledum palustre var. decumbens

—

백산차*L. hypoleucum*에 비해 잎은 길이 3~5센티미터, 폭 2~3밀리미터 정도로 폭이 좁다.

5월 작년 가지 끝에 흰색 꽃이 모여 편평꽃차례를 이룬다.

잎 뒷면에 털이 촘촘히 많다.

열매는 9월 갈색으로 익는다.

튀는열매는 길이 3~4밀리미터 정도다.

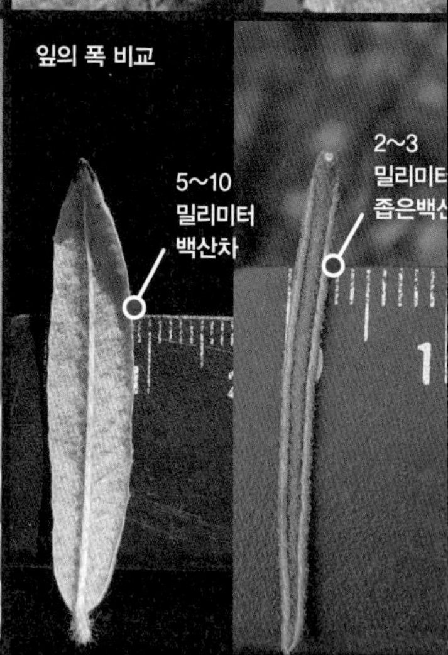

잎의 폭 비교

꽃은 지름 7~10밀리미터 정도다.

수술은 10개,
암술은 1개다.

잎 표면에
주름이 진다.

잎은 길이 3~5센티미터,
폭 2~3밀리미터 정도다.

잎은 어긋나게 달리고
줄모양線狀의 바소꼴이다.

씨앗은 길이 2밀리미터 정도다.

어린 가지에 털이 촘촘히 많다.

높이 20~70센티미터 정도 자라는
늘푸른작은떨기나무다.

6월 흰색 꽃 10~20개가 모여 술모양꽃차례를 이룬다.

잎 뒷면에 비늘조각이 촘촘히 많다.

꼬리진달래

[참꽃나무겨우사리, 겨우사리참꽃]

Rhododendron micranthum

어린 가지에 잔털과 비늘조각이 있다. 잎 뒷면에 비늘조각이 촘촘히 많다. 6월 흰색 꽃이 10~20개가 모여 술모양꽃차례를 이룬다. 꽃은 지름 6~8밀리미터 정도다. 튀는열매는 길이 5~8밀리미터 정도며 9월 갈색으로 익는다.

열매는 9월 갈색으로 익는다.

튀는열매는 길이 5~8밀리미터 정도다.

씨앗은 길이 3밀리미터 정도다.

꽃은 지름 6~8밀리미터 정도다.
수술은 10개,
암술은 1개다.
암술대 아래쪽에 털이 있고,
수술대에 털이 없다.
잎자루는 길이
3~8밀리미터 정도다.
잎은 길이 2~4센티미터 정도다.
잎은 어긋나게 달리고
길둥근꼴이다.
잎은 어긋나게 달리지만
가지 위쪽에서는 3~4개씩 모여 달린다.
어린 가지에 잔털과
비늘조각이 있다.
높이 1~2미터 정도 자라는
늘푸른떨기나무다.

4월 늘푸른 잎

꽃은 4월에 1~3개가 모여 달린다.

잎 양면에 비늘조각이 촘촘히 많다.

산진달래

Rhododendron dauricum

—

늘푸른常綠性 잎이며, 잎 양면에 비늘조각이 있다. 꽃은 4월에 작년 잎이 달려있는 상태에서 꽃이 핀다.

튀는열매는 긴 길둥근꼴이다

열매에 암술대가 남아 있다.

11월 늘푸른 잎의 모습

꽃은 담적자색이다.
수술은 10개
암술은 1개다.
수술대에 털
암술
씨방에
비늘조각
잎은 가죽질이다.
6월 새잎
잎은 길이 1~5센티미터,
폭 10~15밀리미터 정도다.
3월초 늘푸른 작년 잎
새잎
작년 잎
겨울눈
가지에
비늘조각이 있다.
높이 1~2미터 정도 자라는
늘푸른떨기나무다.

455
진달래과

진달래

[진달내, 진달래나무, 왕진달래]

Rhododendron mucronulatum

—

가지에 비늘조각이 있으며 끈적거림粘性이 없다. 잎 양면에 비늘조각이 촘촘히 많다. 꽃은 3~4월 잎보다 먼저 홍자색으로 피고, 지름 30~45밀리미터 정도다.

꽃은 4월초
잎보다 먼저 2~5개가 모여 핀다.

잎 양면에 비늘조각이 있다.

튀는열매는
길이 2센티미터 정도다.

씨방과 꽃자루에
비늘조각이 있다.

척박한 땅에서도 잘 자란다.

꽃부리花冠는 벌어진 깔때기 모양이다.
수술은 10개, 암술은 1개다.
암술대
수술대 아래쪽에 털이 있다.
씨방에 비늘조각이 있다.
잎 가에 톱니가 없다.
잎은 길이 4~7센티미터, 폭 15~25밀리미터 정도다.
잎은 어긋나게 달리며, 긴 길둥근모양의 바소꼴 또는 거꿀바소꼴이다.
꽃부리 아래쪽에 눈비늘芽鱗이 남아 있다.
눈비늘
비늘조각
어린 가지에 비늘조각이 있다.
높이 2~3미터 정도 자라는 갈잎떨기나무다.

털진달래

[털진달래나무]

Rhododendron mucronulatum var. ciliatum

—

잎 표면과 잎자루에 흰색 털이 촘촘히 많은 특징이 있다. 잎 표면에 비늘조각이 있고, 뒷면에 비늘조각이 촘촘히 많다. 수술대 아래쪽에 털이 있고, 암술대는 붉은색이다.

꽃은 잎보다 먼저 피고 2~5개가 모여 달린다.

잎 뒷면에 비늘조각이 촘촘히 많다.

튀는열매는 길이 2미터 정도다.

튀는열매가 터진 후

씨앗

꽃부리는 벌어진
깔때기 모양이다.
수술은 10개,
암술은 1개다.
암술대는
붉은색
수술대
아래쪽에 털
잎 표면에 비늘조각과 털이 있다.
잎은 길이 4~7센티미터 정도다.
잎은 어긋나게 달리고
긴 길둥근모양의 바소꼴 또는
거꿀바소꼴이다.
4월 새잎
잎자루와 어린 가지에
비늘조각과 털이 있다.
잎자루
높이 2~3미터 정도 자라는
갈잎떨기나무다.

흰진달래

Rhododendron mucronulatum f. albiflorum

—

진달래와 달리 꽃이 흰색이다.

꽃은 잎보다 먼저
1~5개가 모여 핀다.

비늘조각

잎 양면에
비늘조각이 촘촘히 많다.

튀는열매는 둥근기둥꼴圓柱形이고
긴 암술대가 남아 있다.

튀는열매는 10월에 익는다.

4월 꽃이 활짝 핀 모습

꽃부리는 벌어진 깔때기 모양이다.
암술대는 흰색이고
수술대는 10개다.
꽃자루와 씨방에
비늘조각이 있다.
수술대
아래쪽에 털
잎자루는 길이 6~10밀리미터 정도며
비늘조각이 있다.
잎은 길이 4~7센티미터 정도다.
잎은 어긋나게 달리고 긴 길둥근모양의
바소꼴 또는 거꿀달걀꼴이다.
흰색의 암술대
씨방에
비늘조각
어린 가지에
비늘조각이 있다.
높이 2~3미터 정도 자라는
갈잎떨기나무다.

쌍성꽃은 2~5개가 모여 핀다.

잎 뒷면에 비늘조각이 촘촘히 많다.

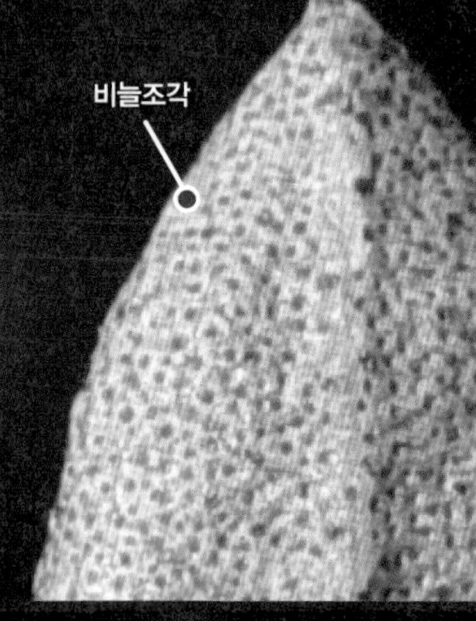

흰황산참꽃

[흰황산차, 흰황산철쭉]

Rhododendron lapponicum subsp. albiflorum

—

늘푸른 잎은 길이 5~20밀리미터 정도로 작은 편이다. 잎 뒷면에 비늘조각이 촘촘히 많다. 꽃부리는 지름 15~20밀리미터 정도다. 황산차에 비해 꽃이 흰색이다.

열매는 튀는열매다.

6월 새잎

암술과 수술

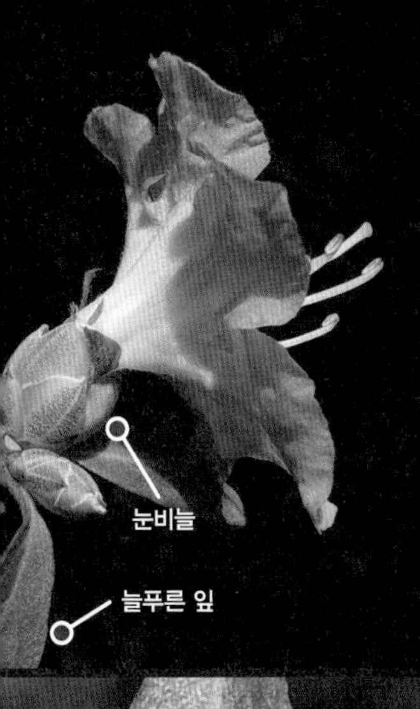
눈비늘
늘푸른 잎

암술
수술은 10개,
암술은 1개다.

암술대는
털이 없고
흰색이다.
수술대
아래쪽에
털이 있다.

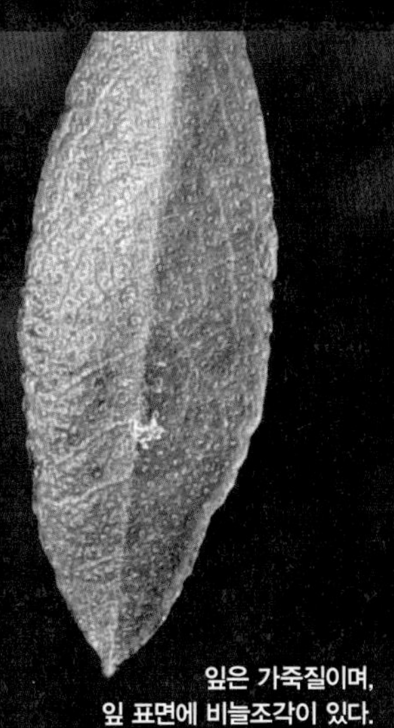
잎은 가죽질이며,
잎 표면에 비늘조각이 있다.

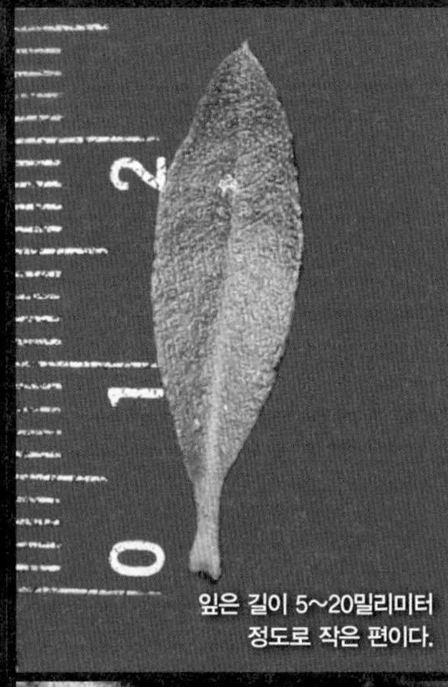
2
1
0
잎은 길이 5~20밀리미터
정도로 작은 편이다.

3월 초 작년 잎
늘푸른 잎이다.

늘푸른 잎이다.

어린 가지에
비늘조각이 있다.

높이 1미터 정도 자라는
늘푸른떨기나무다.

참꽃나무

[섬분홍참꽃나무, 제주분홍참꽃나무]

Rhododendron weyrichii

—

어린 가지에 갈색 털이 있으나 없어진다. 잎 양면에 갈색 털이 있으나 없어진다. 잎에 비늘조각이 없다. 꽃은 5월에 홍자색으로 핀다.

꽃은 5월에 잎과 동시에 홍자색으로 핀다.

잎 뒷면 중심맥에 약간의 털이 있다.

튀는열매는 길이 1~2센티미터 정도다.

튀는열매는 10월에 익는다.

꽃봉오리

암술대
수술대
수술은 10개, 암술은 1개다.
꽃부리는 벌어진 깔때기 모양이다.
암술대와 수술대 아래쪽에 털이 없다.
잎 양면에
갈색 털이 있으나 없어진다.
잎은 길이 4~8센티미터,
폭 2~5센티미터 정도다.
잎은 넓은 달걀꼴이다.
곁가지는
2~4개씩 나온다.
어린 가지에 갈색 털이 있으나 없어진다.
높이 3~6미터 정도 자라는
갈잎떨기나무다.

철쭉

[철쭉나무, 참철쭉]

Rhododendron schlippenbachii

—

어린 가지에 샘털腺毛이 있으나 없어진다. 잎은 어긋나게 달리지만, 가지 끝에 5개씩 모여나기도 한다. 꽃은 4월 잎과 동시에 연분홍색으로 핀다. 꽃부리는 지름 5~7센티미터 정도고, 위쪽 꽃부리에 적갈색 얼룩점이 있다.

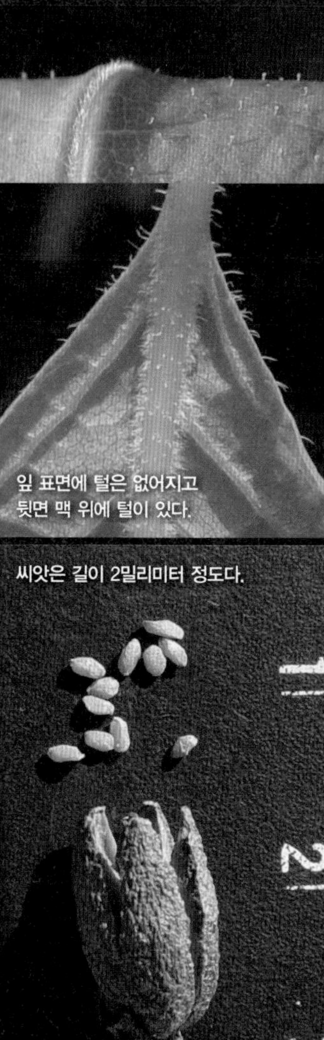

꽃은 4월 잎과 동시에 연분홍색으로 핀다.

잎 표면에 털은 없어지고 뒷면 맥 위에 털이 있다.

튀는열매는 길둥근모양의 달걀꼴이며 샘털이 있다.

튀는열매는 길이 15~20밀리미터 정도다.

씨앗은 길이 2밀리미터 정도다.

꽃부리는 지름 5~7센티미터 정도다.

수술은 10개, 암술은 1개다.

암술대 아래쪽에 샘털이 있고
수술대 아래쪽에 털이 많다.

잎자루는 길이 2~4밀리미터 정도다.

잎은 길이 4~8센티미터,
폭 3~5센티미터 정도다.

잎은 어긋나게 달리지만,
가지 끝에 5개씩 모여 나기도 한다.

꽃자루는 길이 15밀리미터 정도고
샘털이 있다.

어린 가지에
샘털이 있으나
없어진다.

높이 1~4미터 정도 자라는
갈잎떨기나무다.

흰철쭉

Rhododendron schlippenbachii f. albiflorum

—

철쭉*R. schlippenbachii*에 비해 꽃이 흰색이다.

꽃은 4월, 잎과 동시에 흰색으로 핀다.

잎 표면의 털은 없어지고
뒷면 맥 위에 털이 있다.

튀는열매는
길둥근모양의 달걀꼴이며
샘털이 있다.

열매는 길이 15~20밀리미터 정도다.

꽃은 3~7개가 모여 달린다.

꽃부리는
지름 5~7센티미터 정도다.
수술은 10개,
암술은 1개다.
암술대
수술대
암술대 아래쪽에 샘털이 있으며
수술대 아래쪽에 털이 있다.
잎자루는 길이 2~4밀리미터 정도다.
잎은 길이 4~8센티미터,
폭 3~5센티미터 정도다.
잎은 어긋나게 달리지만,
가지 끝에 5개씩 모여 나기도 한다.
꽃자루는 길이 15밀리미터 정도고
샘털이 있다.
어린 가지에 샘털이
있으나 없어진다.
높이 1~4미터 정도 자라는
갈잎떨기나무다.

산철쭉

[개꽃나무, 물철쭉]

Rhododendron yedoense f. poukhanense

—

철쭉*R. schlippenbachii*에 비해 잎은 긴 길둥근꼴~거꿀바소꼴이다. 잎은 길이 4~8센티미터, 폭 1~3센티미터 정도로 잎의 폭이 철쭉보다 좁다. 어린 가지에 갈색 털이 있다. 수술대 아래쪽에 털이 많고 암술대에 샘털이 없다. 열매는 길이 8~10밀리미터 정도로 철쭉보다 소형이다.

꽃은 4월, 홍자색으로 2~3 송이씩 모여 핀다.

잎 양면에 털이 있다.

튀는열매는 9월에 익는다.

열매는 길이 8~10밀리미터 정도다.

영구꽃받침

씨앗은 길이 1~2밀리미터 정도다.

꽃부리는
지름 5~6센티미터 정도다.

수술은 10개, 암술은 1개다.

수술대 아래쪽에 털이 있고,
암술대에는 샘털이 없다.

양 끝은 좁다.

잎은 길이 4~8센티미터,
폭 1~3센티미터 정도다.

잎은 어긋나게 달리고 긴
길둥근꼴~거꿀바소꼴이다.

12월 단풍
반늘푸른半常綠性 잎이다.

어린 가지에 갈색 털이 있다.

높이 1~2미터 정도 자라는
반늘푸른떨기나무半常綠灌木다.

흰산철쭉

Rhododendron yedoense f. albflora

—

산철쭉*R. yedoense f. poukhanense*에 비해 꽃이 흰색으로 핀다.

꽃은 4월 흰색으로 핀다.

잎 양면에 갈색 털이 있다.

열매는 뾰족한 달걀모양의 튀는열매이며 적갈색 털이 있다.

열매는 길이 8~10밀리미터 정도다.

꽃자루에 갈색 털이 있다.

꽃부리는 지름 5~6센티미터 정도다.
수술은 10개,
암술은 1개다.
수술대 아래쪽에 털이 있고,
암술대에는 샘털이 없다.
뾰족끝 銳頭
잎의 양 끝이 좁다.
잎은 길이 4~8센티미터,
폭 1~3센티미터 정도다.
잎은 어긋나게 달리고
긴 길둥근꼴~거꿀바소꼴이다.
꽃부리는 깔때기 모양이다.
어린 가지에 갈색 털이 있다.
높이 1~2미터 정도 자라는
반늘푸른떨기나무다.

겹산철쭉

[만첩산철쭉, 겹철쭉, 두봉화]

Rhododendron yedoense

—

산철쭉*R. yedoense f. poukhanense*에 비해 꽃은 다홍색의 겹꽃으로 핀다.

암술대
수술은 대부분
속 꽃잎으로 변한다.
꽃밥
수술대
잎 표면에 흰색 털이 있다.
잎은 길이 4~8센티미터,
폭 1~3센티미터 정도다.
잎은 어긋나게 달리고
긴 길둥근꼴~거꿀바소꼴이다.
잎자루는 길이 1~5밀리미터 정도고
흰색 털이 있다.
어린 가지에 갈색 털이 있다.
높이 1~2미터 정도 자라는
반늘푸른떨기나무다.

꽃은 5월에 붉은 주황색으로 핀다.

잎 양면에 약간의 털이 있다.

홍철쭉

[홍황철쭉]

Rhododendron japonicum

—

꽃은 5월 붉은 주황색으로 핀다. 꽃부리는 지름 5~7센티미터 정도다. 암술대에 털이 없고 수술대 아래쪽에 털이 있다.

열매는 10월에 갈색으로 익는다.

튀는열매는 길이 35밀리미터 정도다.

씨앗은 길이 4밀리미터 정도다.

꽃부리는 지름 5~7센티미터 정도다.
수술은 5개, 암술은 1개다.
암술대에 털이 없고,
수술대 아래쪽에 털이 있다.
잎자루에 털이 있다.
잎은 길이 5~10센티미터,
폭 2~3센티미터 정도다.
잎은 어긋나게 달리고
길둥근모양의 거꿀바소꼴이다.
꽃자루에 털이 있다.
어린 가지에
털이 있다.
높이 1~2미터 정도 자라는
갈잎떨기나무다.

황철쭉

[노란색철쭉, 황색철쭉]

Rhododendron japonicum for. flavum

—

꽃은 5월 노란색으로 핀다. 꽃은 가지 끝에 4~10개 정도가 모여 달린다. 꽃부리는 지름 5~7센티미터 정도다. 수술은 5개, 암술은 1개다. 암술대에 털이 없고, 수술대 아래쪽에 털이 있다.

꽃부리는 지름 5~7센티미터 정도다.
수술은 5개, 암술은 1개다.
암술대에 털이 없고,
수술대 아래쪽에 털이 있다.
10월 단풍
잎은 길이 5~10센티미터,
폭 2~3센티미터 정도다.
잎은 어긋나게 달리고
길둥근꼴이다.
꽃자루에 샘털이 있다.
어린 가지에 샘털이 있다.
높이 1~2미터 정도 자라는
갈잎떨기나무다.

노랑만병초

[노랑꽃만병초]

Rhododendron aureum

—

꽃은 5월 연한 노란색으로 핀다. 꽃은 가지 끝에 5~8개 정도가 모여 달린다. 꽃부리는 지름 25~35밀리미터 정도다. 수술은 10개, 암술은 1개다. 암술대에 비늘조각이 있고 수술대 아래쪽에 털이 있다.

꽃은 가지 끝에 5~8개 정도가 모여 달린다.

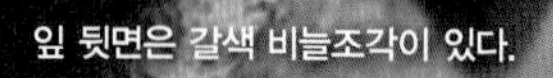

잎 뒷면은 갈색 비늘조각이 있다.

튀는열매는 길이 10~15밀리미터 정도다.

꽃가루 주머니葯室는 2실이다.

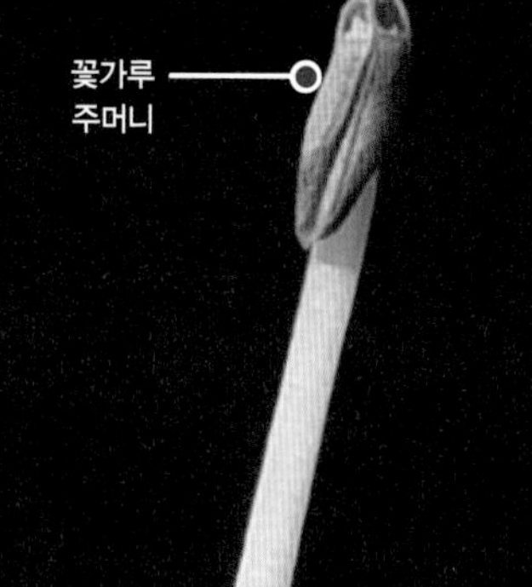

수술대는 10개다.

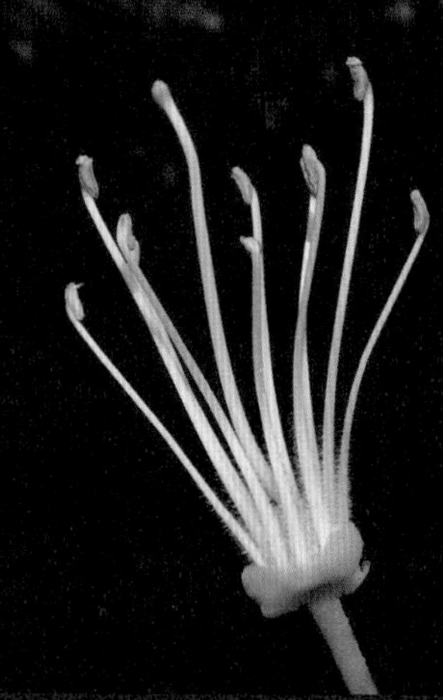

꽃부리는 지름 25~35밀리미터 정도다.

수술은 10개, 암술은 1개다.

암술대 아래쪽에 비늘조각이 있고,
수술대 아래쪽에 털이 있다.

잎자루는 길이 10~15밀리미터 정도고
비늘조각이 있다.

잎은 길이 3~8센티미터,
폭 15~25밀리미터 정도다.

잎은 어긋나게 달리고
긴 길둥근꼴이다.

어린 가지에
비늘조각이 있다.

높이 1미터 정도 자라는
갈잎떨기나무다.

꽃은 가지 끝에
10~20개 정도가 모여 달린다.

만병초

[큰만병초, 흰만병초]

Rhododendron brachycarpum

—

잎 뒷면은 연한 갈색 털이 촘촘히 많다. 꽃은 5월 흰색~연분홍색으로 핀다. 꽃부리는 지름 3~4(~6)센티미터 정도다. 수술은 10개, 암술은 1개다. 암술대에 털이 없고 수술대 아래쪽에 털이 있다.

잎 뒷면은 연한 갈색 털이
촘촘히 많기 때문에 갈색으로 보인다.

열매는 9월에 익는다.

튀는열매는
길이 2~3센티미터 정도다.

꽃은 보통 흰색~연분홍색으로 핀다.

꽃부리는
지름 3~4(~6)센티미터 정도다.
수술은 10개, 암술은 1개다.
암술대에 털이 없고,
수술대 아래쪽에 털이 있다.
잎 가장자리는 뒤로 약간 말린다.
잎은 길이 8~20센티미터,
폭 2~5센티미터 정도다.
잎은 어긋나게 달리고
긴 길둥근꼴이다.
수술은 길이가 서로 다르다.
어린 가지에
털이 있다.
높이 1~4미터 정도 자라는
갈잎떨기나무다.

단풍철쭉

[페룰라투스 등대꽃나무]

Enkianthus perulatus

—

꽃은 3~10개가 모여 아래로 매달린다. 꽃부리는 길이 7~9밀리미터 정도의 통꽃合瓣花이다. 튀는열매는 위로 곧추선다.

꽃은 3~10개가 모여 아래로 매달려 늘어진다.

잎 양면에 털이 없다.

튀는열매는 위로 곧추선다.

열매는 길이 3~4밀리미터 정도다.

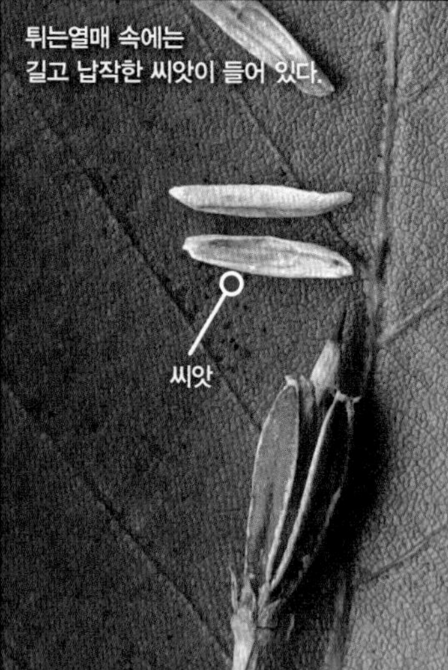

튀는열매 속에는 길고 납작한 씨앗이 들어 있다.

꽃부리는 길이 7~9밀리미터 정도의 통꽃 合瓣花 이다.

꽃밥에 돌기가 있는 돌기수술 突起雄蕊 이다.

수술은 10개 암술은 1개다.

잎 가에 톱니가 없다.

잎은 길이 2~4센티미터, 폭 1~2센티미터 정도다.

잎은 어긋나게 달리고 거꿀달걀꼴이다.

11월 단풍

가지는 황갈색이며 털이 없다.

높이 2~5미터 정도 자라는 갈잎떨기나무다.

등대꽃나무

Enkianthus campanulatus

—

5~15개의 꽃이 모여 술모양꽃차례를 이루며, 5~6월에 아래로 늘어져 달린다. 꽃부리는 종 모양이고 길이 10~15밀리미터 정도다. 수술은 10개이고, 수술대 끝에 돌기가 있는 돌기수술이다. 튀는열매는 달걀꼴이며 곧추선다.

5~15개의 꽃이 술모양꽃차례를 이루며, 5~6월에 아래로 늘어져 달린다.

어린 잎 뒷면 맥 위와 잎줄겨드랑이에 털이 있다.

열매자루가 굽어서 곧추선다.

튀는열매는 길이 7~10밀리미터 정도다.

11월 씨앗

꽃부리는 종 모양이며
홍색 줄무늬가 있다.

수술은 10개다.

수술대 끝에 돌기가
2개씩 있다.

잎 가에 잔 톱니가 있다.

잎은 길이 3~7센티미터,
폭 15~25밀리미터 정도다.

잎은 가지 끝에서
돌려 난 것처럼 보인다.

꽃부리는 5갈래로 얕게 갈라진다.

겨울눈은 뾰족한 달걀꼴이며
가지에 털이 없다.

높이 180~330센티미터 정도 자라는
갈잎떨기나무다.

가지 끝에 2~3개의 꽃이 모여 술모양꽃차례를 이룬다.

산앵도나무

[꽹나무, 물앵도나무]

Vaccinium hirtum var. koreanum

—

가지 끝에 2~3개의 꽃이 모여 술모양꽃차례를 이룬다. 꽃은 5~6월에 황록색 또는 황백색으로 핀다. 꽃부리는 길이 5~7밀리미터 정도고 수술은 5개다. 열매는 9월에 붉게 익으며 절구통 모양이다.

잎 뒷면 맥 위에 털이 촘촘히 많다.

열매는 9월에 붉게 익으며 절구통 모양이다.

물열매는 길이 10~15밀리미터 정도다.

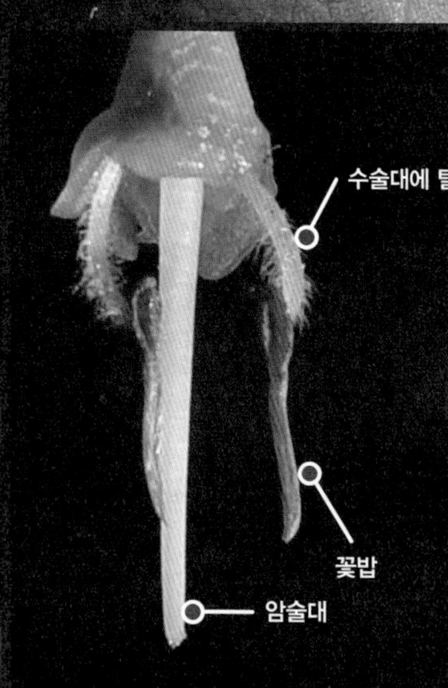

꽃부리는 길이 5~7밀리미터 정도다.

꽃은 5~6월에
황록색 또는 황백색으로 핀다.

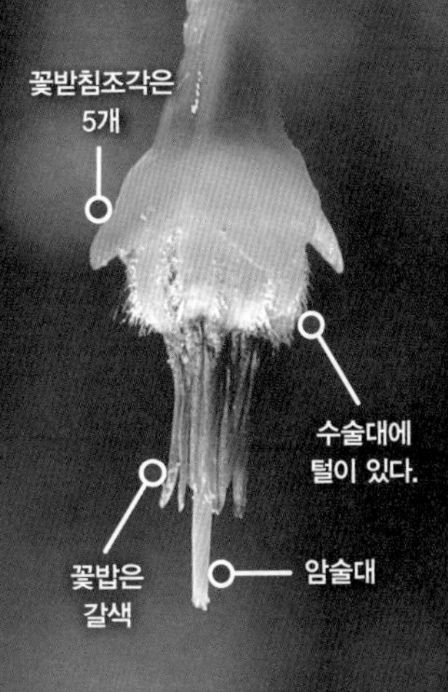

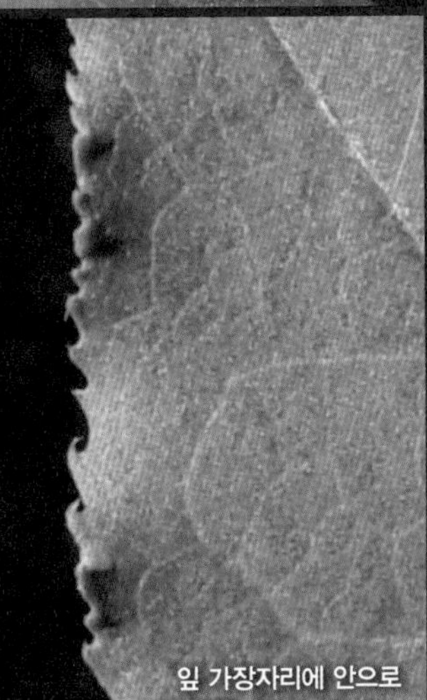

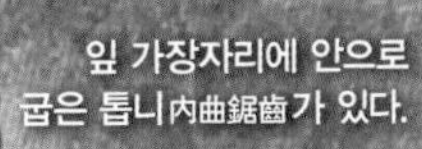

잎 가장자리에 안으로
굽은 톱니內曲鋸齒가 있다.

잎은 길이 2~5센티미터 정도다.

잎은 어긋나게 달리고
넓은 바소꼴 또는 달걀꼴이다.

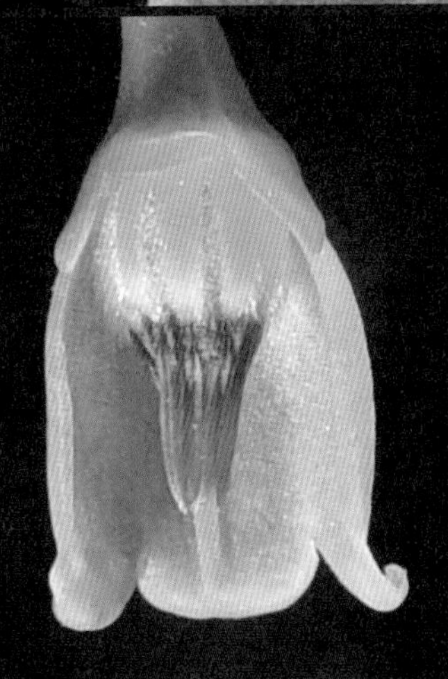

수술은 5개 암술은 1개다.

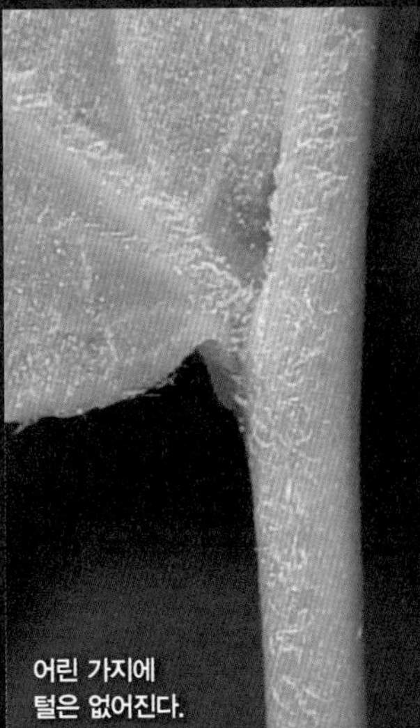

어린 가지에
털은 없어진다.

높이 1미터 정도 자라는
갈잎떨기나무다.

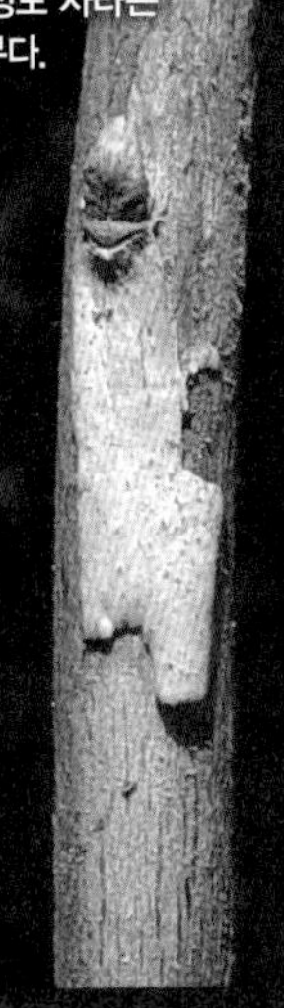

정금나무

[조가리나무, 지포나무, 송가리나무]

Vaccinium oldhamii

—

어린 가지에 샘털이 있다. 술모양꽃차례에 5~18개의 꽃이 달리고 꽃은 연한 홍색을 띤 황록색 또는 적갈색이며 길이 4~5밀리미터 정도다. 열매는 지름 4~8밀리미터 정도고 9~10월에 흑자색으로 익는다.

술모양꽃차례에 5~18개의 꽃이 달린다.

잎 양면 맥 위에 털이 있다.

열매는 9~10월에 흑자색으로 익는다.

물열매는 흰 가루로 덮이며 지름 4~8밀리미터 정도다.

씨앗 표면에 그물 모양의 돌기가 있다.

꽃부리는 종 모양이며 길이 4~5밀리미터 정도다.

꽃부리는 5갈래로 갈라진다.

수술은 10개이며 꽃부리보다 짧다.

잎 가장자리에 털같은 톱니가 있다.

잎은 길이 3~8센티미터, 폭 2~4센티미터 정도다.

잎은 어긋나게 달리고 길둥근꼴 또는 달걀꼴이다.

열매의 맛은 새콤달콤하다.

어린 가지에 샘털이 있다.

높이 1~3미터 정도 자라는 갈잎떨기나무다.

473
진달래과

들쭉나무

Vaccinium uliginosum

—

꽃은 5~6월에 연한 홍색으로 핀다. 수술은 10개이며 수술대에 털이 없으며, 꽃밥에 돌기가 있는 돌기수술이다. 열매는 지름 10~14밀리미터 정도고, 8~9월에 흑자색으로 익는다.

꽃은 5~6월에 연한 홍색으로 핀다.

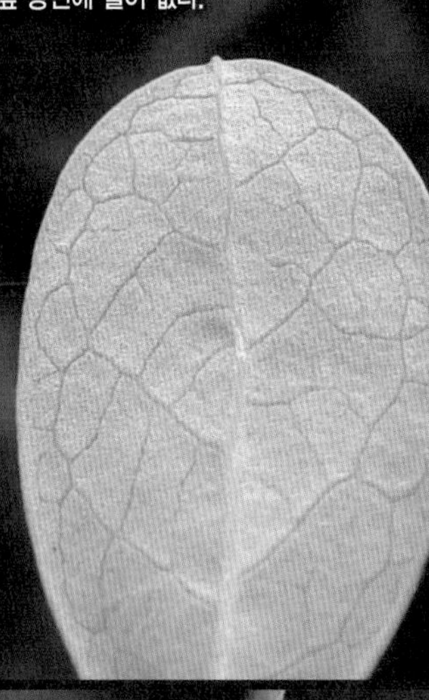

잎 양면에 털이 없다.

물열매는
지름 10~14밀리미터 정도고
8~9월에 흑자색으로 익는다.

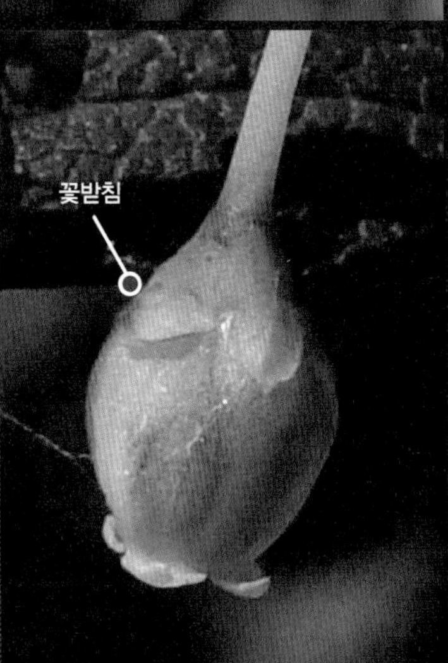

암술과 수술

꽃부리는 길이 5밀리미터 정도다.

수술은 10개
암술은 1개다.

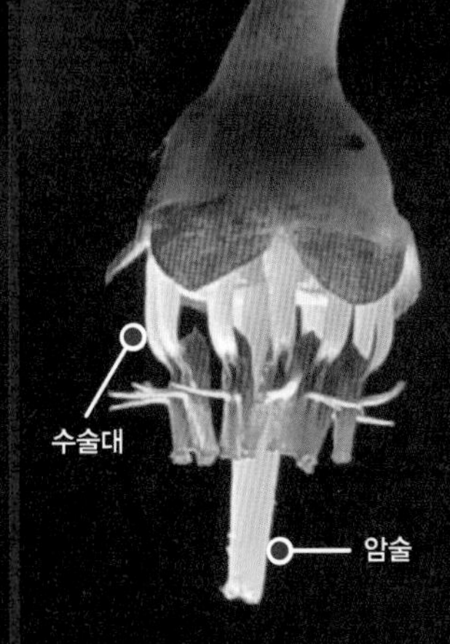

수술대에 털이 없다.

잎은 어긋나게 달린다.

잎은 길이 1~3센티미터 정도며
잎 가에 톱니가 없다.

잎은 어긋나게 달리고 달걀같은
둥근꼴 또는 거꿀달걀꼴이다.

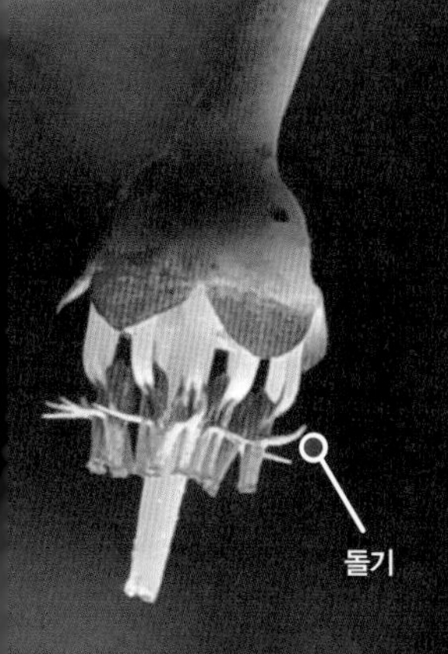

꽃밥에 돌기가 있는 돌기수술이다.

어린 가지에
잔털이 있거나 없다.

높이 50~100센티미터 정도 자라는
갈잎떨기나무다.

꽃은 7월에 흰색에 가까운 연한 홍색으로 핀다.

넌출월귤

[덤불월귤, 덩굴월귤]

Vaccinium oxycoccus

—

높이 20센티미터 이하로 땅 위를 기면서 자란다. 꽃자루는 길이 1.5~2.5센티미터 정도로 긴 편이다. 꽃부리는 깊게 4갈래로 갈라져 뒤로 젖혀지며 수술은 8개다. 물열매는 지름 6밀리미터 정도고 8~9월에 붉은색으로 익는다.

잎 양면에 털이 없고, 뒷면은 백록색이다.

물열매는 지름 6밀리미터 정도다.

열매는 8~9월에 붉은색으로 익는다.

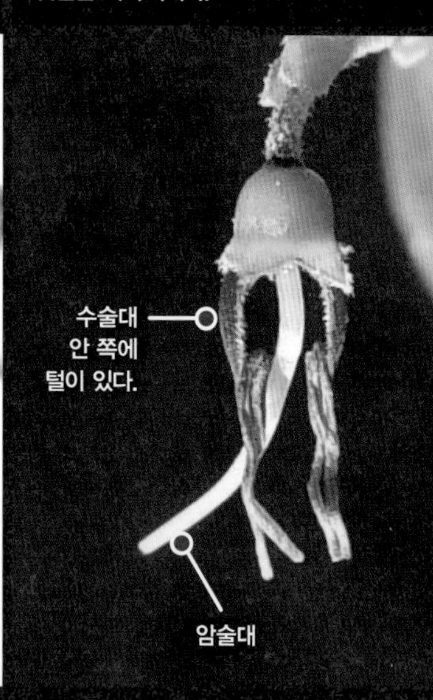

꽃자루는
길이 1.5~2.5센티미터
정도로 긴 편이다.

잎자루는 길이 1밀리미터 정도로 아주 짧다.

잎은 길이 7~14밀리미터 정도다.

잎은 어긋나게 달리고
긴 길둥근꼴이다.

꽃자루에 2개의 꽃싸개가 있다.

어린 가지에 털이
있으나 곧 없어진다.

높이 20센티미터 이하로 자라는
늘푸른작은떨기나무며
줄기는 가늘다.

백량금

[탱자아재비, 그늘백량금]

Ardisia crispa

—

잎은 어긋나게 달리고 바소모양의 긴 길둥근꼴이다. 잎 가장자리에 물결모양의 톱니가 있다. 톱니 사이에 샘점腺點이 있다. 굳은씨열매는 지름 6~8밀리미터 정도고 9월에 붉은색으로 익는다.

꽃은 가지 끝에 우산꽃차례를 이룬다.

잎 뒷면에 털이 없다.

열매는 9월에 붉은색으로 익는다.

굳은씨열매는 지름 6~8밀리미터 정도다.

씨앗은 지름 5~6밀리미터 정도다.

꽃부리는 지름 6~8밀리미터 정도다.
수술대
암술대
꽃자루는 길이 7~10센티미터 정도다.
잎 가장자리에
물결모양의 톱니가 있다.
잎은 길이 7~15센티미터,
폭 2~4센티미터 정도다.
잎은 어긋나게 달리고
바소모양의 긴 길둥근꼴이다.
톱니 사이에 샘점이 있다.
샘점
어린 가지에
털이 없다.
높이 100~150센티미터 정도 자라는
늘푸른떨기나무다.

산호수

[털자금우]

Ardisia pusilla

—

어린 가지에 적갈색 털이 촘촘히 많다. 잎 가장자리에 톱니가 드문드문 있다. 꽃은 잎 겨드랑이에 달리며 우산꽃차례를 이룬다. 열매는 지름 5~6밀리미터 정도고 10월에 붉은색으로 익는다.

꽃은 잎 겨드랑이에 달리며 우산꽃차례를 이룬다.

잎 양면에 약간의 털이 있다.

열매는 10월에 붉은색으로 익는다.

굳은씨열매는 지름 5~6밀리미터 정도다.

씨앗은 길이 4밀리미터 정도다.

수술대
암술대
꽃부리는 지름 4~6밀리미터 정도다.
꽃부리에 검은색 얼룩점이 있다.
잎 가에 톱니는 자금우에 비해
크고 숫자가 적다.
잎은 길이 2~6센티미터,
폭 15~25밀리미터 정도다.
잎은 어긋나게 달리고
길둥근꼴이다.
꽃받침과 씨방에
검은색 얼룩점이 있다.
씨방
암술대
어린 가지에 적갈색 털이
촘촘히 많다.
높이 15~30센티미터 정도 자라는
늘푸른작은떨기나무다.

자금우

Ardisia japonica

—

산호수*A. pusilla*에 비해 잎 가에 톱니는 작고 숫자가 많다.

꽃부리는 지름 6~8밀리미터 정도다.

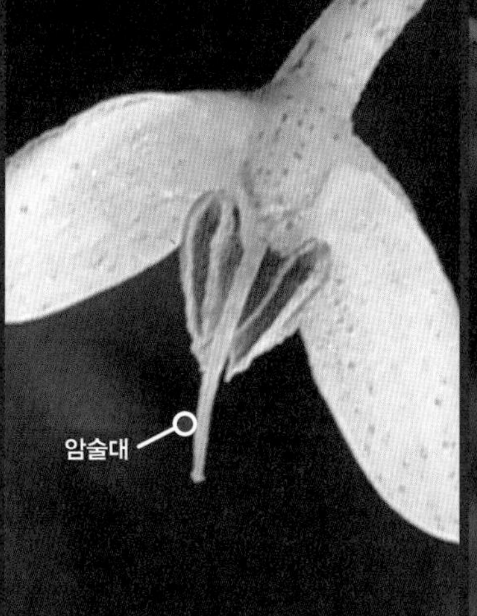

꽃부리에 검은색 얼룩점이 있다.

잎 가에 톱니는
산호수에 비해 작고 숫자가 많다.

잎은 길이 4~7센티미터,
폭 2~3센티미터 정도다.

잎은 마주 또는 돌려 달리며
길둥근꼴이다.

3월 새잎

어린 가지에 샘털이 있다.

높이 15~30센티미터 정도 자라는
늘푸른떨기나무다.

감나무

[돌감나무, 산감나무]

Diospyros kaki

—

어린 가지에 털이 있다. 잎은 어긋나게 달리고 길둥근모양의 달걀꼴이다. 꽃은 5월 햇 가지 잎 겨드랑이에 달린다. 수꽃은 작고 3~7개가 모여 달린다. 암꽃의 꽃받침은 지름 3센티미터 정도다.

꽃은 5월
햇 가지 잎 겨드랑이에 달린다.

잎 표면에 약간의 털이 있고
뒷면에 털이 촘촘히 많다.

물열매는
지름 4~8센티미터 정도다.

씨앗은 길이 13~20밀리미터 정도다.

암꽃의 꽃받침은
지름 3센티미터 정도다.

암꽃은 지름 12~16밀리미터 정도다.
수꽃은 3~7개가 모여 달리고,
지름 6~10밀리미터 정도다.
수꽃의 수술은 16~24개다.
잎자루는 길이
8~20밀리미터 정도다.
잎은 길이 10~18센티미터,
폭 4~9센티미터 정도다.
잎은 어긋나게 달리고
길둥근모양의 달걀꼴이다.
암꽃
수꽃
암수한그루이며
가끔 암수딴그루도 있다.
어린 가지에
털이 있다.
높이 4~10미터 정도 자라는
갈잎작은키나무다.

고욤나무

[고양나무]

Diospyros lotus

—

감나무*D. kaki*에 비해 잎은 길이 6~13센티미터, 폭 3~6센티미터 정도로 작다. 수꽃은 지름 4밀리미터 정도로 감나무보다 작으며, 2~3개가 모여 달린다. 열매는 지름 1~2센티미터 정도다. 열매는 10월 흑갈색으로 익는다.

꽃은 5월 햇 가지 잎 겨드랑이에 달린다.

잎 표면에 털은 없어지고 뒷면에 털은 촘촘히 많다.

물열매는 지름 1~2센티미터 정도다.

열매는 서리를 맞으면 흑갈색으로 익는다.

씨앗은 길이 8~9밀리미터 정도다.

암꽃은 지름 6~7밀리미터 정도다.

수꽃은 2~3개가 모여 달린다.

수꽃은 지름 4밀리미터 정도고
수술은 16개다.

잎자루는 길이 8~15밀리미터 정도다.

잎은 길이 6~13센티미터,
폭 3~6센티미터 정도다.

잎은 어긋나게 달리고
길둥근꼴이다.

수꽃의 꽃받침은 꽃부리보다 짧다.

어린 가지에 털이 있으나 없어진다.

높이 10~15미터 정도 자라는
갈잎큰키나무다.

은종나무

Halesia carolina

—

어린가지에 별모양 털이 촘촘히 많다. 꽃은 종모양이며 아래를 향해 핀다. 꽃은 2~5개의 꽃이 작년 가지에 모여 달린다. 열매는 길이 2~5센티미터 정도고 4개의 날개가 있다.

2~5개의 꽃이 작년 가지에 모여 달린다.

잎 양면에 별모양 털이 촘촘히 많다.

열매는 9월 갈색으로 익는다.

튀는열매는
길이 2~5센티미터 정도다.

열매에 4개의 날개가 있다.

꽃부리는 길이 2~3센티미터 정도다.

암술은 1개, 수술은 12~16개다.

수술대와 암술대에 털이 있고
암술대는 아래쪽이 붉은색이다.

잎자루는 11~29밀리미터 정도다.

잎은 길이 8~23센티미터,
폭 4~12센티미터 정도다.

잎은 어긋나게 달리고
거꿀달걀 같은 긴 길둥근꼴이다.

꽃부리는 종모양이다.

어린 가지에 별모양 털이
촘촘히 많다.

높이 9~13미터 정도 자라는
갈잎큰키나무다.

때죽나무

[노가나무, 족나무]

Styrax japonicus

—

술모양꽃차례는 길이 5~8센티미터 정도고 2~6개의 꽃이 모여 달린다. 꽃부리는 지름 20~30밀리미터 정도다. 튀는열매는 길이 10~14밀리미터 정도고 9월에 익는다.

술모양꽃차례는 길이 5~8센티미터 정도다.

잎 뒷면에 털은 없어지고
잎줄겨드랑이에만 남는다.

열매는 길이 10~14밀리미터 정도다.

튀는열매의 열매껍질은
불규칙하게 갈라진다.

씨앗은 길이 10밀리미터 정도다.

꽃은 2~6개가 모여 달린다.
꽃부리는
지름 20~30밀리미터 정도다.
노란색
꽃밥
암술
잎자루는 길이 4~7밀리미터 정도다.
잎은 길이 4~10센티미터,
폭 2~5센티미터 정도다.
잎은 어긋나게 달리고
달걀같은 길둥근꼴이다.
때죽납작진딧물의
벌레혹蟲癭이 꽃처럼 달린다.
어린 가지에 별모양 털은
곧 없어진다.
높이 4~10미터 정도 자라는
갈잎작은키나무다.

쪽동백나무

[쪽동백, 왕때죽나무]

Styrax obassia

—

때죽나무에 비해 작년 가지의 나무 껍질은 종잇장처럼 얇게 벗겨진다. 잎은 길이 7~20센티미터, 폭 6~18센티미터 정도로 대형이다. 술모양꽃차례는 길이 10~20센티미터 정도로 길며 꽃차례에 15~30개 정도의 많은 꽃이 아래로 드리운다.

술모양꽃차례는
길이 10~20센티미터 정도다.

잎 표면 맥 위에 털이 있고
뒷면에 별모양 털이 있다.

열매는 길이 10~15밀리미터 정도다.

튀는열매는 9월에 익는다.

씨앗은 길이 10밀리미터 정도다.

15~30개 정도의 꽃이 모여 달린다.

꽃부리는 지름 18~20밀리미터 정도다.

암술은 수술보다 길고
수술은 10개다.

4월 새잎

잎은 길이 7~20센티미터,
폭 6~18센티미터 정도다.

잎은 어긋나게 달리고
넓은 달걀꼴이다.

작년 가지의 나무 껍질은
종잇장처럼 얇게 벗겨진다.

어린 가지에
별모양 털이 있으나
없어진다.

높이 10~15미터 정도 자라는
갈잎큰키나무다.

나래쪽동백

Pterostyrax hispidis

—

쪽동백나무*S. obassia*에 비해 술모양꽃차례가 모인 원뿔꽃차례에 꽃이 달린다. 열매는 길이 7~8밀리미터 정도고 깊은 모서리가 있다. 열매 끝에 긴 영구암술대가 남아 있다.

술모양꽃차례가 모여 원뿔꽃차례를 이룬다.

잎 표면에 약간의 별모양 털이 있고 뒷면 맥 위에 별모양 털이 있다.

튀는열매는 길이 7~8밀리미터 정도다.

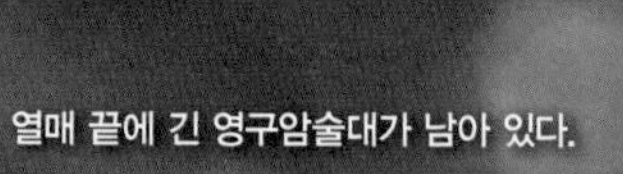

열매 끝에 긴 영구암술대가 남아 있다.

열매에 깊은 모서리가 있다.

술모양꽃차례는
길이 10~20센티미터 정도다.

꽃부리는 길이 6~8밀리미터 정도다.

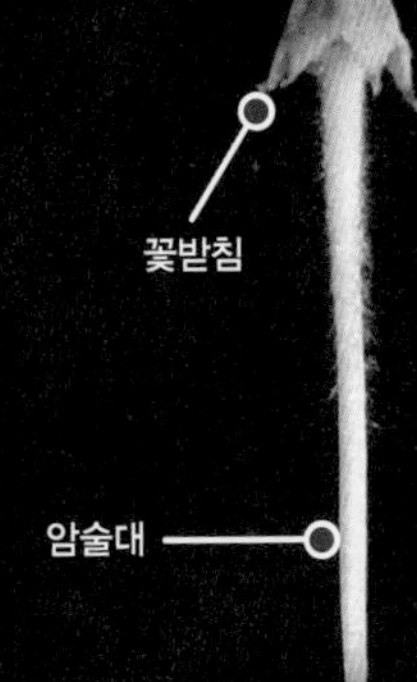

암술대와 수술대에 털이 있다.

잎 가장자리에 돌기같은 톱니가 있다.

잎은 길이 10~20센티미터,
폭 5~9센티미터 정도다.

잎은 어긋나게 달리고
긴 길둥근꼴이다.

7월 어린 열매

어린 가지에 별모양 털이
촘촘히 많다.

높이 10~15미터 정도 자라는
갈잎큰키나무다.

노린재나무

Symplocos sawafutagi

—

잎은 어긋나게 달리고 거꿀달걀같은 길둥근꼴이다. 잎은 길이 4~8센티미터, 폭 2~5센티미터 정도다. 원뿔꽃차례는 햇 가지 끝에 달리며 길이 4~8센티미터 정도다. 열매는 길둥근꼴이며 길이 6~7밀리미터 정도고 9월에 청색으로 익는다.

원뿔꽃차례는 햇 가지 끝에 달린다.

잎 표면에 털이 없고 뒷면에 털이 있거나 없다.

열매는 9월에 청색으로 익는다.

굳은씨열매는 길둥근꼴이며 길이 6~7밀리미터 정도다.

씨앗은 뾰족한 달걀꼴이며 길이 5밀리미터 정도다.

원뿔꽃차례는
길이 4~8센티미터 정도다.
꽃부리는
지름 7~8밀리미터 정도고,
수술은 40~70개 정도다.
꽃받침조각은
4~5개다.
암술
꽃받침조각
잎은 어긋나게 달리고
거꿀달걀같은 길둥근꼴이다.
잎 가에 톱니가 있다.
잎은 길이 4~8센티미터,
폭 2~5센티미터 정도다.
6월 어린 열매
어린 가지에 털이 있다.
높이 1~3미터 정도 자라는
갈잎떨기나무다.

섬노린재나무

[섬노린재]

Symplocos coreana

—

노린재나무*S. chinensis f. pilosa*에 비해 열매는 벽흑색으로 익으며 열매에 영구꽃받침宿存萼이 뚜렷하게 남아 있다.

원뿔꽃차례는 햇 가지 끝에 달린다.

잎 표면에 털이 없고 뒷면에 털이 있다.

굳은씨열매는 9월에 벽흑색으로 익는다.

열매에 영구꽃받침이 뚜렷하게 남아 있다.

씨앗은 달걀꼴이며 실같은 얕은 홈이 있다.

원뿔꽃차례는
길이 4~10센티미터 정도다.
꽃부리는 지름 7~8밀리미터 정도다.
수술은 다수이고
꽃부리보다 길다.
잎 가에 길고 뾰족한 톱니가 있다.
잎은 길이 4~8센티미터,
폭 2~5센티미터 정도다.
잎은 어긋나게 달리고
길둥근 모양의 달걀꼴이다.
긴 수술
어린 가지에 털이 있다.
높이 2~5미터 정도 자라는
갈잎떨기나무다.

검노린재나무

[검노린재]

Symplocos tanakana

—

노린재나무 *S. chinensis f. pilosa*에 비해 열매는 검은색으로 익는다.

원뿔꽃차례는
길이 4~8센티미터 정도다.

잎 표면에 털이 없고
뒷면 맥 위에 털이 있다.

굳은씨열매는 길둥근꼴이며
길이 6~7밀리미터 정도다.

열매는 9월에 검은색으로 익는다.

씨앗은 달걀꼴이며
길이 5밀리미터 정도다.

꽃부리는 지름 7~8밀리미터 정도다.
암술은 1개,
수술은 25~40개 정도다.
암술대
꽃받침
잎 가에 길고 뾰족하게
안으로 굽은 톱니가 있다.
잎은 길이 4~8센티미터,
폭 2~5센티미터 정도다.
잎은 어긋나게 달리고
긴 길둥근꼴이다.
8월 덜 익은 열매
어린 가지에 털이 있다.
높이 2~5미터 정도 자라는
갈잎떨기나무다.

이팝나무

[니암나무, 뻣나무]

Chionanthus retusus

—

잎은 길이 4~15센티미터, 폭 6~7센티미터 정도다. 잎 뒷면 맥 위에 털이 있다. 꽃부리는 길이 20~25밀리미터, 폭 3밀리미터 정도다.

암수딴그루이며 원뿔꽃차례는 길이 6~10센티미터 정도다.

잎 뒷면 맥 위에 짧은 털이 있다.

굳은씨열매는 길이 1~2센티미터 정도다.

열매는 10월에 검은색으로 익는다.

씨앗은 길이 10~15밀리미터 정도다.

꽃부리는 길이 20~25밀리미터,
폭 3밀리미터 정도다.

수꽃의 수술은
꽃부리에 붙어 있다.

'꽃밥' '수술대'
'암술대' 순으로 짧다.

잎은 길이 4~15센티미터,
폭 6~7센티미터 정도다.

잎의 폭
이팝나무: 6~7센티미터
긴잎이팝나무: 2~3센티미터

잎은 마주 달리며
길둥근꼴~넓은 달걀꼴이다.

나무 모양樹型은 뚜껑모양圓蓋形이다.

어린 가지에
털이 있다.

높이 20~25미터 정도 자라는
갈잎큰키나무다.

긴잎이팝나무

[긴이팝나무]

Chionanthus retusus var. coreana

—

잎은 길이 7~8센티미터, 폭 2~3센티미터 정도로 이팝나무에 비해 소형이다. 잎 뒷면 중심맥 아래쪽에 털이 있다. 꽃부리는 길이 10~15밀리미터, 폭 1~1.5밀리미터 정도로 이팝나무에 비해 좁다

암수딴그루이며 원뿔꽃차례는 길이 6~10센티미터 정도다.

잎 뒷면 중심맥 아래쪽에 털이 있다.

굳은씨열매는 길이 1~2센티미터 정도다.

열매는 10월에 검은색으로 익는다.

원뿔꽃차례

꽃부리는 길이 10~15밀리미터,
폭 1~1.5밀리미터 정도다.

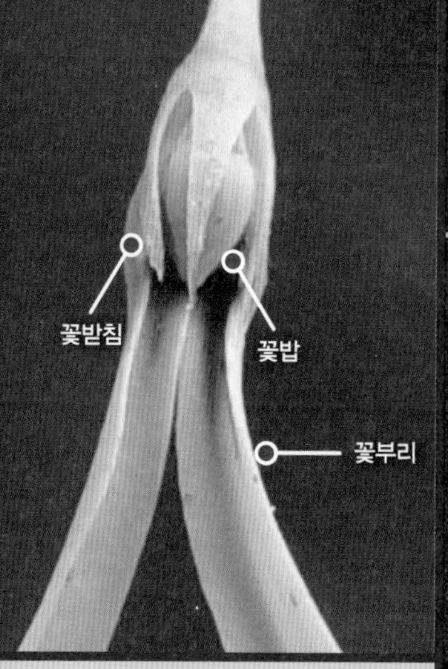
꽃받침
꽃밥
꽃부리

이팝나무
긴잎이팝나무
꽃부리가
좁다.
꽃부리 폭 비교
이팝나무: 3밀리미터
긴잎이팝나무: 1~1.5밀리미터

잎은 길이 7~8센티미터,
폭 2~3센티미터 정도다.

이팝나무
긴잎이팝나무
잎의 폭 비교
긴잎이팝나무: 2~3센티미터
이팝나무: 6~7센티미터

잎은 마주 달리며 이팝나무에 비해
좀 더 좁고 긴 바소꼴이다.

5월 꽃

어린 가지에
잔털이 약간 있다.

높이 20미터 정도 자라는
갈잎큰키나무다.

미선나무

Abeliophyllum distichum

—

꽃은 잎보다 먼저 피며, 술모양꽃차례는 길이 3~5센티미터 정도다. 꽃부리는 흰색이다. 날개열매는 지름 25밀리미터 정도의 둥근꼴이고 끝은 오목하다.

술모양꽃차례는
길이 3~5센티미터 정도다.

잎 표면에 털이 거의 없고
뒷면에 털이 있다.

날개열매 翅果는
지름 25밀리미터 정도의
둥근꼴이다.

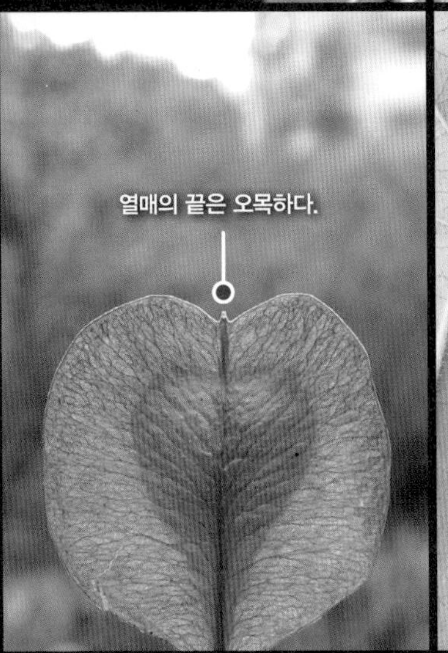

열매의 끝은 오목하다.

씨앗은 2개씩 들어 있으며
반달 모양이다.

꽃부리조각은 4개이며
끝은 약간 오목하다.
암술대가
수술대보다
길다.
수술대
장주화長柱花
꽃받침은
암갈색
잎자루는 길이
2~5밀리미터 정도고
약간의 털이 있다.
잎은 길이 3~8센티미터,
폭 2~3센티미터 정도다.
잎은 마주 달리며 달걀꼴 또는
길둥근 모양의 달걀꼴이다.
가지의 골속髓은 계단 모양이다.
가지는 4각형이며 털이 없다.
높이 1미터 정도 자라는
갈잎떨기나무다.

꽃은 잎보다 먼저 피며,
술모양꽃차례는
길이 3~5센티미터 정도다.

잎 양면에 털이 있다.

둥근미선나무

Abeliophyllum distichum var. rotundicarpum

—

날개열매의 끝은 오목하지 않고 둥글다. 기타 사항은 미선나무와 거의 같다.

날개열매는
지름 25밀리미터 정도다.

<u>날개열매의 끝부분이</u>
미선나무: 오목하다.
둥근미선: 둥글다.

꽃부리는 흰색
또는 도홍색이다.
꽃받침
긴 암술
짧은 수술
장주화
잎자루는 길이
2~5밀리미터 정도고
약간의 털이 있다.
잎은 길이 3~8센티미터,
폭 2~3센티미터 정도다.
잎은 마주 달리며 달걀꼴 또는
길둥근 모양의 달걀꼴이다.
꽃봉오리의 꽃부리조각은
나사모양回旋狀으로 겹쳐진다.
가지는 4각이 지고
털이 없다.
높이 1~1.5미터 정도 자라는
갈잎떨기나무다.

분홍미선나무

Abeliophyllum distichum f. lilacinum

—

분홍색의 꽃이 핀다. 기타사항은 미선나무와 거의 같다.

꽃부리는 지름
20~25밀리미터 정도다.
꽃받침조각은 4개다.
단주화短柱花
장주화
잎은 길이 3~8센티미터,
폭 2~3센티미터 정도다.
잎은 마주 달리며 달갈꼴 또는
길둥근 모양의 달걀꼴이다.
잎 뒷면 맥 위에 털이 있다.
꽃봉오리의 꽃부리조각은
나사모양으로 겹쳐진다.
어린 가지는
4각이 지고 털이 없다.
높이 1미터 정도 자라는
갈잎떨기나무다.

상아미선나무

Abeliophyllum distichum f. eburneum

—

꽃이 필 때 꽃봉오리는 상아색이다. 기타사항은 미선나무와 거의 같다.

꽃봉오리는 상아색이다.

잎 표면에 털이 없고
뒷면에 털이 있다.

날개열매의
끝은 오목하다.

열매는 지름 25밀리미터 정도의
둥근꼴이다.

씨앗은 흑갈색이며 반달 모양이다.

꽃봉오리의 꽃부리조각은
나사모양으로 겹쳐진다.
꽃부리조각 끝은 약간 오목하다.
수술
암술
단주화
잎자루는 길이 2~5밀리미터
정도고 털이 있다.
잎은 길이 3~8센티미터,
폭 2~3센티미터 정도다.
잎은 마주 달리며 달걀꼴 또는
길둥근 모양의 달걀꼴이다.
가지의 골속은 계단 모양이다.
가지는 4각형이며
털이 없다.
높이 1미터 정도 자라는
갈잎떨기나무다.

푸른미선나무

Abeliophyllum distichum f. viridicalycinum

꽃받침과 꽃봉오리가 연한 녹색인 것을 푸른미선나무라 하며 기타 사항은 미선나무와 같다.

꽃은 잎보다 먼저 피며, 술모양꽃차례는 길이 3~5센티미터 정도다.

잎 표면에 짧은 털이 약간 있고 잎 뒷면에는 털이 있다.

열매는 지름 25밀리미터 정도의 둥근꼴이다.

씨앗은 반달 모양이며 흑갈색이다.

약간 오목
꽃부리조각은 길둥근꼴이며,
끝이 약간 오목하다.
꽃받침조각
꽃받침조각은 연한 녹색이다.
암술
꽃밥
장주화
잎 뒷면의 털
잎은 길이 3~8센티미터,
폭 2~3센티미터 정도다.
잎은 마주 달리며 달걀꼴
또는 길둥근 모양의 달걀꼴이다.
꽃봉오리는 연한 녹색이다.
어린 가지는 4각형이며
털이 없다.
높이 1미터 정도 자라는
갈잎떨기나무다.

개나리

[신리화]

Forsythia koreana

—

어린 가지에 털이 없다. 잎은 홑잎單葉이며, 깊이 3갈래로 갈라지는 잎도 많다. 잎은 중앙 이상에 톱니가 있다. 잎 양면에 털이 없다. 꽃부리조각의 아래쪽이 서로 포개지지 않는다. 튀는열매는 9월에 익는다.

꽃은 잎 겨드랑이에 1~3개씩 달린다.

잎 양면에 털이 없다.

튀는열매 표면에 사마귀같은 돌기가 있다.

튀는열매가 터진 후의 모습

씨앗은 갈색이며 날개가 있다.

꽃부리조각은
긴 길둥근꼴이다.
꽃부리조각의 아래쪽이 서로
포개지지 않아 당개나리와 구별한다.
단주화
장주화
6월 3갈래로 갈라진 잎
잎은 홑잎이며
3갈래로 깊이 갈라지는 잎도 많다.
잎은 마주 달리며
달걀같은 바소꼴이다.
엽침
엽침葉枕:
잎자루 아래쪽이
뚱뚱해지거나
튀어나온 구조
가지의 골속은
비어 있다.
높이 2~3미터 정도 자라는
갈잎떨기나무다.

당개나리

Forsythia suspensa

—

잎은 홑잎이며 깊이 3갈래로 갈라지는 잎도 있다. 꽃부리조각의 아래쪽이 서로 포개진다.

꽃은 잎 겨드랑이에 1~2개가 모여 난다.

잎 양면에 털이 거의 없다.

튀는열매에
사마귀같은 돌기가 있다.

열매의 길이
개나리: 15~20밀리미터
당개나리: 15~25밀리미터

단주화

꽃부리는 길이 15~20밀리미터 정도다.

꽃부리조각은 아래쪽이 서로 포개진다.

잎자루는 길이 8~15밀리미터 정도며
털이 없거나 있다.

잎은 홑잎이며
깊이 3갈래로 갈라지는 잎도 있다.

잎은 마주 달리며 넓은 달걀꼴 또는
길둥근 모양의 달걀꼴이다.

어린 가지에 털이 없고
가지 골속은 비어 있다.

높이 1~2미터 정도 자라는
갈잎떨기나무다.

의성개나리

[방울개나리, 약개나리]

Forsythia viridissima

—

꽃은 3~4월에 잎 겨드랑이에 1~3개씩 달리며, 개나리보다 꽃의 크기가 작은 편이다. 장주화는 없고 단주화만 있는 특징이 있다. 열매가 많이 달리는 특징이 있다.

꽃은 3~4월에 노란색으로 핀다.

잎 양면에 털이 없다.

열매가 많이 달리는 특징이 있다.

튀는열매
열매껍질에 돌기가 있다.

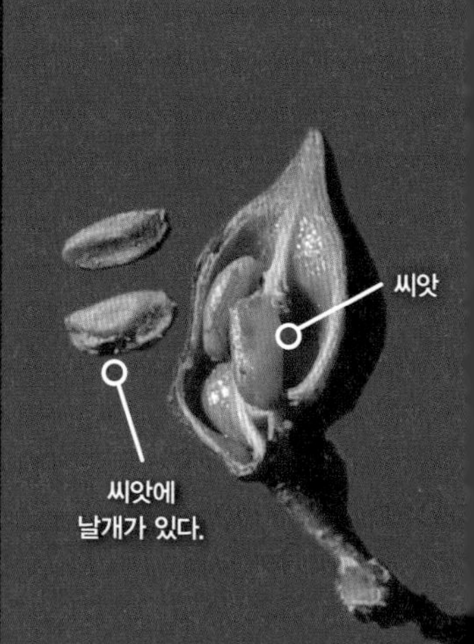

꽃은 개나리보다 크기가 작은 편이다.
장주화는 없고
단주화만 있다.
꽃받침에
털이 있다.
수술
암술
꽃은 잎 겨드랑이에
1~3개씩 달린다.
잎자루는
산개나리보다
길며
털이 없다.
잎자루의 길이
산개나리: 2~10밀리미터
의성개나리: 10~20밀리미터
개나리: 10~20밀리미터
잎은 길이 3~11센티미터,
폭 1~3센티미터 정도다.
잎은 두텁지 않고 얇으며,
마주 달리고 달걀같은 바소꼴이다.
가지의 골속은
비어 있다.
어린 가지에
털이 없다.
높이 1~2미터 정도 자라는
갈잎떨기나무다.

497
물푸레나무과

긴산개나리

Forsythia saxatilis var. lanceolata

잎은 두텁지 않고 얇으며, 산개나리에 비해 잎이 긴 바소꼴이다. 잎 뒷면 맥 위에 털이 있는 특징이 있다. 잎자루는 길이 2~10밀리미터로 짧으며 털이 있다.

꽃은 3~4월에 잎보다 먼저 핀다.

잎 뒷면 맥 위에 털이 있다.

튀는열매 껍질에는 사마귀같은 돌기가 있다.

열매는 9월에 익는다.

씨앗

꽃은 잎 겨드랑이에 한 개씩 달린다.
꽃부리는 줄모양의 긴 길둥근꼴이다.
암술대
수술대
장주화
잎자루는 길이 2~10밀리미터로
짧으며 털이 있다.
잎은 길이 8센티미터,
폭 3센티미터 정도다.
잎은 마주 달리며
긴 바소꼴이다.
가지의 골속은
계단 모양이다.
어린 가지에 털이 없다.
높이 1~2미터 정도 자라는
갈잎떨기나무다.

산개나리

[북한산개나리]

Forsythia saxatilis

—

잎은 두텁지 않고 얇으며 달걀꼴이다. 잎 뒷면 맥 위에 털이 있는 특징이 있다. 잎자루에 털이 있고 길이가 짧다.

꽃은 3~4월에
잎 겨드랑이에 1개씩 달린다.

잎 뒷면 맥 위에 털
산개나리: 있다.
장수만리화: 있다.
개나리: 없다.

튀는열매는 9월에 익는다.

씨앗은 길이 5~6밀리미터 정도다.

털산개나리와는 달리
털은 맥 위에만 있다.

꽃부리는 줄꼴이다.
암술대
꽃밥
장주화
꽃받침
꽃받침
잎자루에
털이 있고
길이가 짧다.
잎자루의 길이
산개나리: 2~10밀리미터
개나리: 10~20밀리미터
잎은 길이 4~7센티미터,
폭 3~5센티미터 정도다.
잎은 두텁지 않고 얇으며
달걀꼴이다.
가지의 골속은
계단 모양이다.
어린 가지에 털이 없다.
높이 1~2미터 정도 자라는
갈잎떨기나무다.

털산개나리

Forsythia saxatilis var. pilosa

—

가지는 비스듬히 위로 서거나 아래로 처진다. 잎 뒷면 맥 위에 털이 있고 산개나리에 비해 뒷면 맥 사이에도 털이 있다. 잎은 가죽질이고 넓은 달걀꼴이다.

꽃은 산개나리보다 진한 노란색이며, 장수만리화처럼 뭉쳐서 많이 핀다.

맥 사이에도 털이 있다.

잎 뒷면은 맥 뿐만 아니라 맥 사이에도 털이 있다.

튀는열매는 길이 10밀리미터 정도다.

열매껍질에 돌기가 없다.

어린 잎에 특히 털이 많다.

꽃부리는
지름 3센티미터 정도다.
암술대
꽃밥
장주화
가지는 비스듬히 위로 서거나
아래로 처진다.
잎자루에 털이 있다.
잎은 넓은 달걀꼴이며
길이 13센티미터, 폭 9센티미터 정도다.
잎은 가죽질이고 마주 달린다.
가지의 골속은
계단 모양이다.
어린 가지에 융털
만리화: 없다.
장수만리화: 있다.
털산개나리: 있다.
어린가지에
털이 있으나
곧 없어진다.
높이 1~2미터 정도 자라는
갈잎떨기나무다.

만리화

[금강개나리]

Forsythia ovata

—

줄기는 곧게 서지 못하고 옆으로 퍼진다. 가지의 골속은 계단 모양이다. 어린 가지에 털이 없다. 잎 뒷면 맥 위에 털이 없다. 잎은 가죽질이고 넓은 달걀꼴이다.

꽃부리는 지름 3센티미터 정도다.
꽃받침
암술머리
암술대
꽃밥
수술대
잎 가장자리에 톱니가 있다.
잎은 길이 4~7센티미터,
폭 3~5센티미터 정도다.
산개나리와 달리 잎은 가죽질이다.
가지의 골속
만리화: 계단 모양
개나리: 비어 있다.
어린 가지에 융털
만리화: 없다.
장수만리화: 있다.
높이 1~2미터 정도 자라는
갈잎떨기나무다.

장수만리화

[장수개나리]

Forsythia nakaii

—

어린 가지에 융털이 촘촘히 많다. 가지는 처지지 않고 곧추선다. 잎 뒷면 맥 위에 털이 있다. 잎은 가죽질이고 달걀꼴이다. 꽃부리는 좁고 길며, 비틀리는 경향이 있다.

꽃은 3~4월에 노란색으로 핀다.

잎 뒷면 중심맥에 털
만리화: 없다.
장수만리화: 있다.
산개나리: 있다.

튀는열매는
길이 10밀리미터 정도다.

열매는 9월에 익는다.

꽃부리는 좁고 길며,
비틀리는 경향이 있다.

장주화

잎 가에 잔 톱니가 있거나 거의 없다.

잎은 길이 7센티미터,
폭 5센티미터 정도다.

가지의 골속은
계단 모양이다.

어린 가지에 융털
만리화: 없다.
장수만리화: 있다.
산개나리: 없다.

꽃차례의 모양
만리화: 1개씩 달린다.
장수만리화: 많이 달린다.

잎은 가죽질이고
달걀꼴이다.

높이 1~2미터 정도 자라는
갈잎떨기나무다.
가지는 처지지 않고 곧추선다.

영춘화

Jasminum nudiflorum

—

줄기는 휘어져 늘어지고 길이 3미터까지 자란다. 가지는 4각이 지며, 능선이 있고 공기뿌리가 발생한다. 잎은 3출겹잎三出葉이며 길이 3센티미터 정도다. 꽃부리는 나팔모양이고 6갈래로 갈라진다.

꽃은 3월에 잎보다 먼저 노란색으로 핀다.

끝작은잎頂小葉이 옆작은잎側小葉보다 크다.

물열매는 달걀꼴~긴둥근꼴이며, 5월에 익지만 우리나라에서는 거의 대부분 결실하지 못한다.

물열매는 길이 6~7밀리미터 지름 3~5밀리미터 정도다.

열매가 떨어진 후 남은 영구꽃받침

암술은 꽃부리
밖으로 나온다.
2개의 수술은
꽃부리통부花冠筒部
속에 있다.
꽃부리통부는 붉은 빛이 돈다.
꽃부리는 나팔 모양이고
6갈래로 갈라진다.
잎 끝에 바늘모양의 돌기가 있다.
끝작은잎
옆작은잎
돌기
잎은 길이 3센티미터 정도다.
잎은 마주 달리며
3출겹잎이다.
가지 골속은
차 있다.
공기뿌리
줄기에
공기뿌리가
발생한다.
높이 60센티미터 정도 자라는
갈잎떨기나무다.
줄기는 휘어져 늘어지고
길이 3미터 까지 자란다.

503
물푸레나무과

들메나무

[떡물푸레]

Fraxinus mandshurica

—

작은 잎이 보통 9~11(3~17)개인 깃꼴겹잎이다. 잎줄기에 털이 없지만, 작은 잎자루 아래쪽에 갈색 털이 촘촘히 많다. 원뿔꽃차례는 작년 가지에 달린다. 꽃잎이 없으며, 수술은 2개이고 꽃밥은 연한 홍색이다.

암수딴그루이며 꽃은 4월에 핀다.

잎 뒷면 맥 위에 흰색 털이 있다.

날개열매는
길둥근 모양의 바소꼴이다.

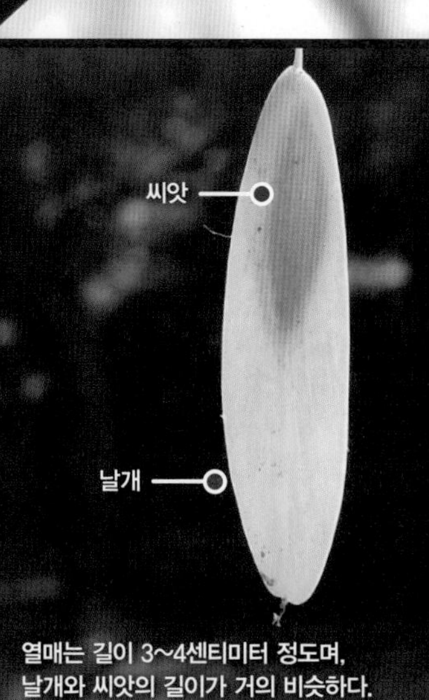

열매는 길이 3~4센티미터 정도며,
날개와 씨앗의 길이가 거의 비슷하다.

새가지의 잎줄기에
날개가 있다.

작년 가지
원뿔꽃차례는
작년 가지에 달린다.
꽃잎이 없다.
암술머리
씨방
꽃밥
암꽃에는 2개의 수술과
1개의 암술이 있다.
잎줄기에
털이 없다.
작은 잎자루 아래쪽에
갈색 털이 촘촘히 많다.
작은 잎은 길이 7~22센티미터,
폭 3~6센티미터 정도다.
작은 잎의 숫자는 보통
들메나무: 9~11개
물들메나무: 7개
잎 가에 불규칙한
겹톱니가 있다.
겨울눈은 흑갈색이며 가지에 털이 없다.
높이 30미터 정도 자라는
갈잎큰키나무다.

물들메나무

[긴잎물푸레들메나무, 지리산물푸레나무]

Fraxinus chiisanensis

—

작은 잎은 보통 7(3~9)개 정도다. 잎줄기에 털이 없으며, 작은 잎자루 아래쪽에 털이 거의 없다. 원뿔꽃차례는 작년 가지에 달린다. 꽃잎이 없으며 암꽃에는 2개의 수술과 1개의 암술이 있다.

원뿔꽃차례는 작년 가지에 달린다.

잎 뒷면 잎밑 아래쪽에 털이 있다.

날개열매는
길이 3~4센티미터 정도다.

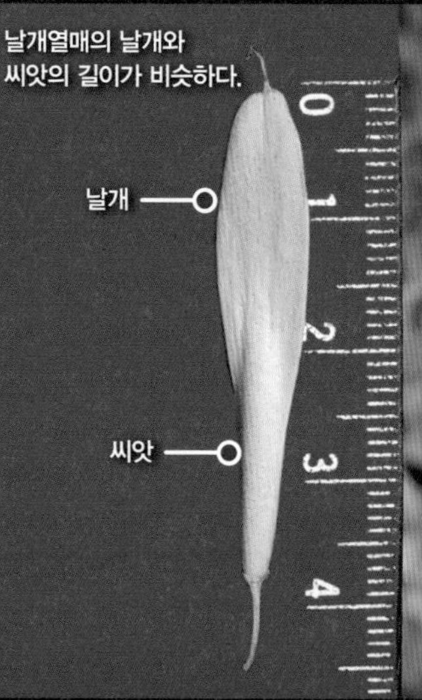

날개열매의 날개와
씨앗의 길이가 비슷하다.

잎 가장자리에 안으로
굽은 톱니가 있다.

꽃밥에 돌기가 없다.
암꽃에는 2개의 수술과
1개의 암술이 있다.
꽃잎이 없으며
암술머리는
둘로 갈라진다.
암술머리
꽃밥
작은 잎자루
아래쪽에 털이
거의 없다.
잎줄기에
털이 없다.
작은 잎은 길이 7~22센티미터,
폭 3~6센티미터 정도다.
작은 잎의 숫자는 보통
물들메나무: 7개
들메나무: 9~11개
겨울눈은 흑갈색이며 가지에 털이 없다.
오래된 나무 껍질은
거북 등처럼 갈라진다.
높이 30미터 정도 자라는
갈잎큰키나무다.

구주물푸레나무

Fraxinus excelsior

—

겨울눈의 색깔은 검은색이다. 작은 잎이 7~12개인 깃꼴겹잎이다. 잎줄기에 털이 없고 작은 잎자루 아래쪽에 털이 없다. 꽃차례는 작년 가지에 달려서 물푸레나무와 구별한다. 꽃잎이 없으며 꽃밥 끝에 뾰족한 돌기가 있다. 날개열매는 길이 3~4센티미터 정도다.

꽃차례는 작년 가지에 달린다.

잎 표면에 털이 없고
뒷면 맥 위에 털이 있다.

작은 잎의 숫자가 많은 편이다.

잎은 마주 달린다.

잎 가에 톱니가 있다.

쌍성꽃과 홑성꽃單性花이
한 그루에 있는 다성꽃雜性花이다.
돌기
꽃밥
꽃밥 끝에 뾰족한 돌기가 있다.
암꽃은 2개의 수술과
1개의 씨방이 있으며,
암술머리가 2갈래로 갈라진다.
암술머리
씨방
꽃밥
수술대
잎줄기에
털이 없다.
잎자루 아래쪽에
털이 없다.
작은 잎은 길이 5~11센티미터,
폭 15~30밀리미터 정도다.
작은 잎은 7~12개로
물푸레나무보다 많다.
어린 가지에 털이 없다.
겨울눈의 색깔은 검은색이다.
높이 20~40미터 정도 자라는
갈잎큰키나무다.

물푸레나무

[쉬청나무, 떡물푸레나무, 민물푸레나무]

Fraxinus rhynchophylla

—

잎은 깃꼴겹잎이며 작은 잎은 5~7개다. 잎줄기에 흰 털이 없으며, 잎 뒷면 중심맥과 곁맥 아래쪽에 갈색 털이 있다. 원뿔꽃차례는 햇 가지에 달려 들메나무와 구별하고 꽃잎이 없어 쇠물푸레나무와 구별한다.

꽃밥에
톨기가 없다.
수꽃
암술머리는 둘로 갈라진다.
꽃잎이 없다.
암꽃에는 2개의 수술과
1개의 암술이 있다.
암술머리
꽃밥
작은 잎자루
아래쪽에
털이 많지 않다.
잎줄기에
털이 없다.
작은 잎은 길이 5~15센티미터,
폭 3~7센티미터 정도다.
작은 잎이 5~7개인 깃꼴겹잎이다.
어린 가지에
털이 없다.
겨울눈은 회갈색이다.
높이 10~15미터 정도 자라는
갈잎큰키나무다.

꽃은 햇 가지에 달린다.

잎 뒷면 중심맥과 곁맥 아래쪽에 털이 촘촘히 많다.

광릉물푸레

Fraxinus rhynchophylla* var. *densata

—

물푸레나무에 비해 잎이 좁고 열매의 끝이 뾰족한 특징이 있다. 기타사항은 물푸레나무와 거의 같다.

날개열매는 9~10월에 익는다.

열매의 끝이 뾰족한 특징이 있다.

암술머리는 둘로 갈라진다.

꽃은 4~5월에 피며
원뿔꽃차례를 이룬다.
꽃잎이 없다.
수술
암술
2개의 수술과 1개의 암술이 있다.
암술대
수술대
작은 잎자루 아래쪽 잎줄기에
흰색 털이 있다.
물푸레나무에 비해 잎이 좁다.
작은 잎이 5~7개인 깃꼴겹잎이다.
잎 가장자리에 톱니가 있다.
꽃차례받침
가지에 털이 없다.
높이 15미터 정도 자라는
갈잎큰키나무다.

미국물푸레

[뾰족잎물푸레나무, 외물푸레]

Fraxinus americana

작은 잎이 5~9개인 깃꼴겹잎이다. 작은 잎은 길이 5~15센티미터 정도의 달걀꼴 또는 달걀같은 바소꼴이다. 잎줄기에 털이 없고 잎 뒷면 맥 가에 흰색 털이 촘촘히 많다. 원뿔꽃차례는 햇 가지에 달리며 흰색 꽃잎이 없어 쇠물푸레나무와 구별한다. 날개열매는 길이 3~5센티미터 정도고 9월에 회황색으로 익는다.

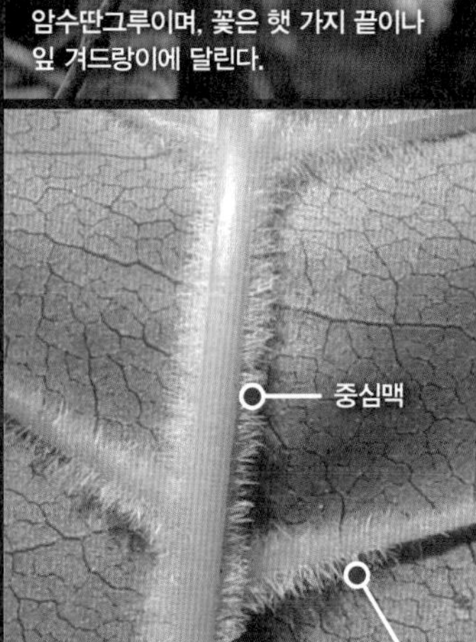

암수딴그루이며, 꽃은 햇 가지 끝이나 잎 겨드랑이에 달린다.

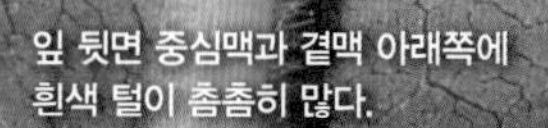

잎 뒷면 중심맥과 곁맥 아래쪽에 흰색 털이 촘촘히 많다.

열매는 9월에 회황색으로 익는다.

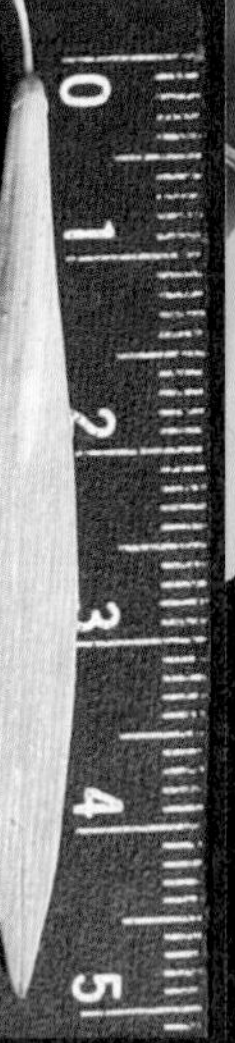

날개열매는 길이 3~5밀리미터 정도다.

잎 가장자리에 톱니가 없지만 위쪽에 약간 있는 것도 있다.

꽃잎이 없고
꽃밥에 돌기가 있다.
돌기
꽃밥
수술대
꽃받침
암술머리는 둘로 갈라진다.
수술이 3개인 것도 있다.
암술
수술
작은
잎자루가
있다.
작은 잎자루
아래쪽에 털이
촘촘히 많다.
잎줄기에
털이 없다.
작은 잎은
길이 5~15센티미터 정도다.
작은 잎이 5~9개인
깃꼴겹잎이다.
잎자국은
움푹 들어간다.
어린 가지에 털이 없다.
흰색 무늬
높이 18~21미터 정도 자라는
갈잎큰키나무다.

쇠물푸레나무

[계룡쇠물푸레]

Fraxinus sieboldiana

—

작은 잎은 5~9개인 깃꼴겹잎이며, 작은잎은 길이 5~10센티미터, 폭 15~35밀리미터 정도다. 잎줄기에 흰 털이 있어 쉽게 좀쇠물푸레와 구별한다. 원뿔꽃차례는 햇 가지에 달려 들메나무와 구별하고 흰색 꽃잎이 있어 물푸레나무와 쉽게 구별한다. 날개열매는 9월에 홍자색으로 익는다.

꽃차례의 위치
물푸레나무: 햇 가지
쇠물푸레: 햇 가지
구주물푸레: 작년 가지

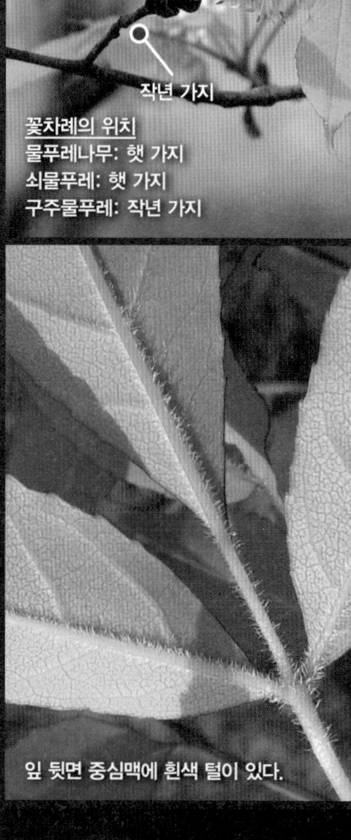

잎 뒷면 중심맥에 흰색 털이 있다.

열매는 9월에 홍자색으로 익는다.

날개열매는
길이 2센티미터 정도로 짧은 편이다.

겨울눈의 색깔
물푸레나무: 회갈색
구주물푸레: 검은색
들메나무: 암갈색
쇠물푸레: 흑회색

잎줄기에 털
쇠물푸레: 있다.
좀쇠물푸레: 없다.
잎줄기에 털

510
물푸레나무과

좀쇠물푸레

Fraxinus sieboldiana* var. *angusta

—

작은 잎이 5~9개인 깃꼴겹잎이며, 작은잎은 길이 6~10센티미터, 폭 15~35 밀리미터 정도다. 잎줄기에 털이 거의 없어 쉽게 쇠물푸레와 구별한다. 원뿔꽃차례는 햇 가지에 달려 들메나무와 구별하고 흰색 꽃잎이 있어 물푸레나무와 쉽게 구별한다. 날개열매는 길이 2센티미터 정도고 9월에 홍자색으로 익는다.

날개열매는
줄모양의 바소꼴이다.

열매는 홍자색으로 익는다.

열매는 길이 2센티미터 정도로
짧은 편이다.

작은 잎이 5~9개인 깃꼴겹잎이다.

향선나무

[향쥐똥나무, 봄맞이꽃나무]

Fontanesia nudiflorum

—

햇 가지는 4각이 지며 털이 없다. 술모양꽃차례는 햇 가지 잎 겨드랑이에 달리며, 5월에 흰색 꽃이 핀다. 술모양꽃차례가 모여 전체적으로 원뿔꽃차례처럼 보인다. 수술이 꽃잎보다 길다. 날개열매는 길이 6~8밀리미터 정도다.

술모양꽃차례는 햇 가지 잎 겨드랑이에 달린다.

잎 양면에 털이 없으며 잎 뒷면 중심맥이 도드라진다.

날개열매는 길이 6~8밀리미터 정도다.

열매에 영구암술대가 남아 있다.

열매는 10월에 갈색으로 익는다.

꽃잎
꽃받침조각
암술
꽃잎과 꽃받침조각은 각 4개씩이다.
꽃은 쌍성꽃이며 5월에 핀다.
암술
수술대
꽃잎
수술이 꽃잎보다 길다.
잎은 달걀같은 바소꼴이다.
잎은 길이 2~7센티미터,
폭 1~2센티미터 정도다.
잎은 마주 달리며
달걀같은 바소꼴이다.
잎자루는 길이 2~3밀리미터
정도고 털이 없다.
잎자루
햇 가지는 4각이 지며
털이 없다.
높이 3~5미터 정도 자라는
갈잎작은키나무다.

광나무

Ligustrum japonicum

—

잎은 길이 4~10센티미터, 폭 3~5센티미터 정도다. 잎 뒷면에 곁맥은 뚜렷하지 않다. 원뿔꽃차례는 길이 5~12센티미터 정도다. 꽃부리조각은 꽃부리통부와 길이가 거의 같고 뒤로 젖혀진다. 암술대는 길어서 꽃부리통부 밖으로 나온다. 굳은씨열매는 길이 7~10밀리미터 정도다.

원뿔꽃차례는
길이 5~12센티미터 정도다.

잎 뒷면에 뚜렷하지 않은
잔 점이 있다.

열매는 10월에 검은색으로 익는다.

굳은씨열매는
길이 7~10밀리미터 정도다.

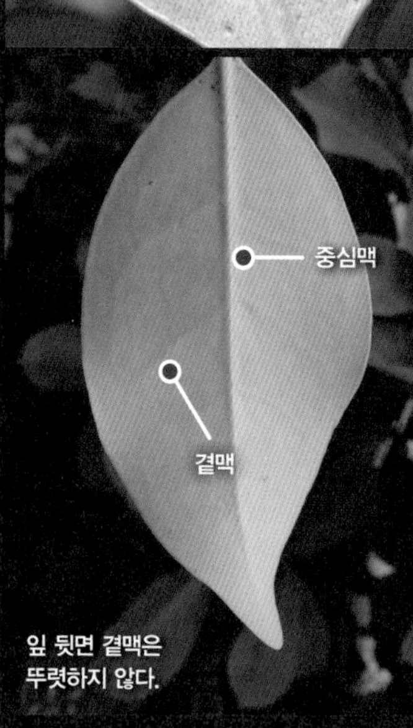

잎 뒷면 곁맥은
뚜렷하지 않다.

꽃부리조각은 뒤로 젖혀진다.
암술대와 수술대는
꽃부리통부 밖으로 나온다.
암술대
수술대
꽃부리통부
꽃자루와 꽃받침에
털이 거의 없다.
꽃받침
잎자루는
길이
5~12밀리미터
정도다.
잎은 길이 4~10센티미터,
폭 3~5센티미터 정도다.
잎은 마주 달리며 넓은 달걀꼴
또는 길둥근꼴이다.
원뿔꽃차례
어린 가지에 털이 없고
껍질눈이 있다.
높이 3~5미터 정도 자라는
늘푸른작은키나무常綠小灌木다.

당광나무

[제주광나무, 참여정실]

Ligustrum lucidum

—

잎은 길이 6~12센티미터, 폭 3~5센티미터 정도로 광나무보다 크다. 광나무에 비하여 잎 뒷면에 곁맥은 뚜렷한 편이다. 원뿔꽃차례는 길이 12~20센티미터 정도로 대형이다. 꽃부리조각은 꽃부리통부보다 길며 뒤로 젖혀진다. 암술대는 길어서 꽃부리통부 밖으로 나온다.

원뿔꽃차례는
길이 12~20센티미터 정도로 대형이다.

광나무에 비하여 잎 뒷면에
곁맥은 뚜렷한 편이다.

열매는 10월에 검은색으로 익는다.

굳은씨열매는
길이 8~10밀리미터 정도다.

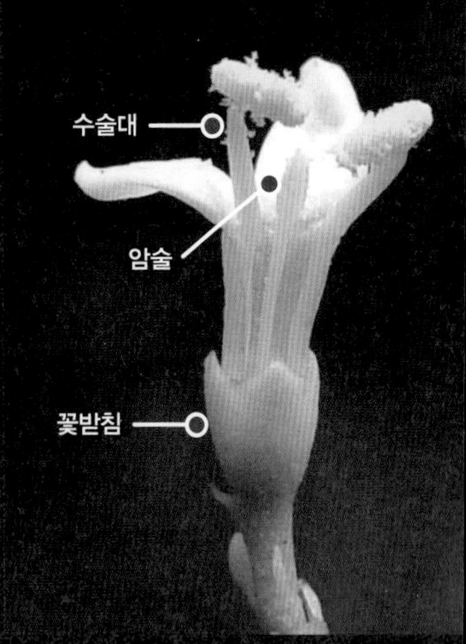

꽃부리조각은 뒤로 젖혀진다.
젖혀진다.
암술대와 수술대는
꽃부리통부 밖으로 나온다.
수술대
암술대
꽃부리통부
꽃자루와 꽃받침에 털이 없다.
암술대
꽃받침
잎자루는 길이 1~2센티미터 정도다.
잎은 길이 6~12센티미터,
폭 3~5센티미터 정도로 광나무보다 크다.
잎은 마주 달리며 넓은 달걀꼴
또는 길둥근꼴이다.
어린 가지에 털이 없고
껍질눈이 있다.
껍질눈
높이 5~10미터 정도 자라는
늘푸른작은키나무다.

둥근잎광나무

[가녀정, 여광나무]

Ligustrum japonicum f. rotundifolium

—

잎은 마주 달리며 달걀같은 길둥근꼴~둥근꼴이다. 잎자루는 광나무에 비해 짧다. 원뿔꽃차례는 길이 3~6센티미터 정도다. 꽃부리통부는 꽃부리조각보다 길며, 꽃부리조각은 뒤로 젖혀진다. 암술대는 짧아서 꽃부리통부 속에 숨어있다. 굳은씨열매는 길이 7~10밀리미터 정도다.

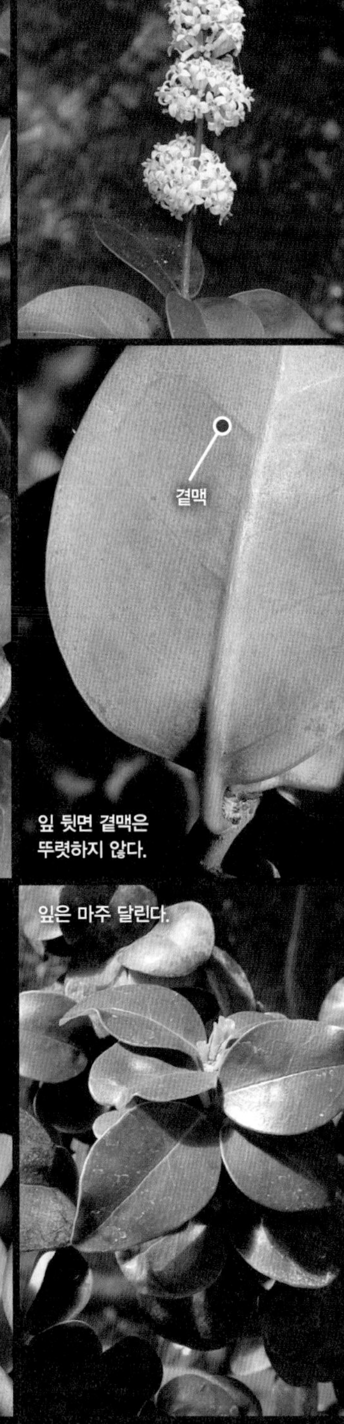

원뿔꽃차례는 길이 3~6센티미터 정도다.

잎 뒷면 곁맥은 뚜렷하지 않다.

꽃차례는 햇 가지 끝에 달린다.

원뿔꽃차례

잎은 마주 달린다.

암술대는 짧아서
꽃부리통부 속에 숨어 있다.
꽃부리통부는 꽃부리조각보다 길며,
꽃부리조각은 뒤로 젖혀진다.
꽃부리조각
꽃부리통부
꽃차례에 약간의 털이 있고,
꽃받침에 털이 없다.
꽃받침
잎자루는
광나무에 비해 짧다.
잎은 길이 3~10센티미터,
폭 3~5센티미터 정도다.
잎은 마주 달리며 달걀같은
길둥근꼴~둥근꼴이다.
꽃부리통부는
길이 5~6밀리미터 정도고,
수술은 2개다.
털이 있다.
어린 가지에 털이 있다.
높이 3~5미터 정도 자라는
늘푸른작은키나무다.

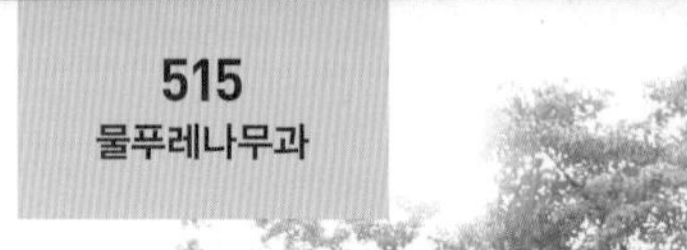

버들쥐똥나무

[버들잎쥐똥]

Ligustrum salicinum

—

잎은 길이 6~12센티미터, 폭 2~6센티미터 정도며, 뾰족끝 뾰족끝밑銳底이다. 잎자루는 길이 8~15밀리미터 정도로 쥐똥나무 종류 중 가장 길다. 꽃차례는 길이 15~20센티미터, 지름 10~15센티미터 정도로 대형이다. 꽃부리통부는 다른 쥐똥나무 종류들에 비해 짧은(4밀리미터) 편이고 통부와 꽃부리조각의 길이는 거의 같다. 암술대가 길어서 꽃부리통부 밖으로 나온다.

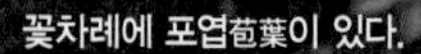

꽃차례는 길이 15~20센티미터, 지름 10~15센티미터 정도로 대형이다.

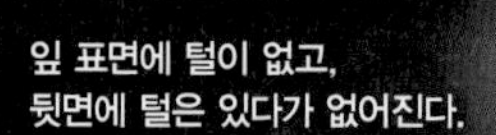

잎 표면에 털이 없고, 뒷면에 털은 있다가 없어진다.

꽃차례에 포엽苞葉이 있다.

암술과 수술

6월 활짝 핀 꽃

꽃부리통부와
꽃부리조각의 길이가 거의 같다.
암술
수술대가
통부
밖으로
나온다.
통부가 짧다.
꽃부리
조각

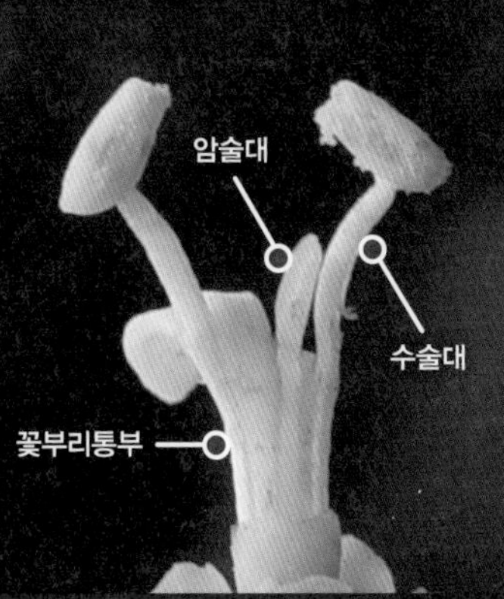
암술대가 길어서
꽃부리통부 밖으로 나온다.
암술대
수술대
꽃부리통부

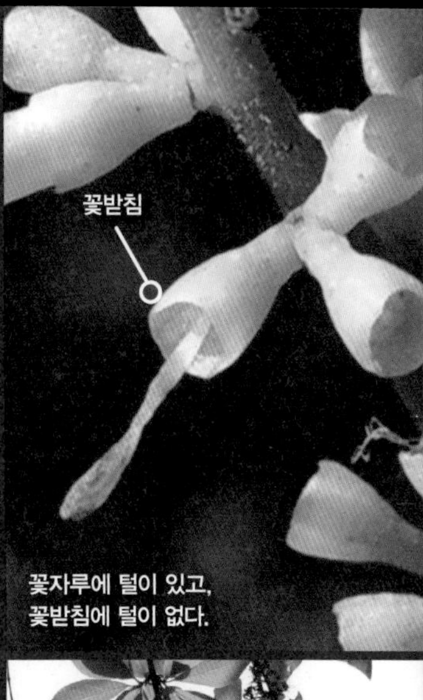
꽃받침
꽃자루에 털이 있고,
꽃받침에 털이 없다.

잎자루가
길다.
잎자루는 길이 8~15밀리미터 정도로
쥐똥나무 종류 중 가장 길다.

잎은 길이 6~12센티미터,
폭 2~6센티미터 정도다.
뾰족끝
뾰족꼴밑

잎은 마주 달리며
거꿀바소꼴~길둥근꼴이다.

꽃차례가 크다.

어린 가지에 털이 없다.
잎자루가
길다.

높이 4~6미터 정도 자라는
갈잎작은키나무다.

좀쥐똥나무

[좀잎쥐똥나무, 애기쥐똥나무]

Ligustrum obtusifolium* subsp. *microphyllum

—

잎은 길이 1~2센티미터 정도로 아주 작다. 잎은 마주 달리며 긴 길둥근꼴~거꿀바소꼴이며 끝이 둥근 편이다. 잎자루는 길이 1~2밀리미터 정도고 털이 없다. 꽃차례는 길이 1~2센티미터 정도로 짧다. 꽃차례에 털이 있고, 꽃받침에 털이 없다.

꽃차례의 길이
좀쥐똥나무: 1~2센티미터
좀털쥐똥나무: 2~3센티미터
쥐똥나무: 2~3센티미터

잎 표면에 털이 없고,
뒷면에 털이 거의 없다.

열매는 굳은씨열매이며
달걀같은 둥근꼴이다.

열매는 10~11월에 검은색으로 익는다.

꽃차례는 2센티미터 미만으로
아주 짧은 특징이 있다.

꽃부리통부가 꽃부리조각보다 길며,
꽃밥이 약간 통부 밖으로 나온다.
꽃밥
꽃부리
조각
통부
2개의 수술은
꽃부리통부에 달린다.
수술대
암술대
꽃자루에 털이 있고,
꽃받침에 털이 없다.
잎자루는 길이 1~2밀리미터
정도고 털이 없다.
잎이 아주 작다.
잎의 길이
좀쥐똥나무: 1~2센티미터
좀털쥐똥나무: 2~4센티미터
쥐똥나무: 2~7센티미터
잎은 마주 달리며
긴 길둥근꼴~거꿀바소꼴이며,
끝이 둥근 편이다.
잎이 아주 작은 특징이 있다.
어린 가지에 짧은 털이 있다.
햇 가지
작년 가지
높이 1~2미터 정도 자라는
갈잎떨기나무다.

517
물푸레나무과

좀털쥐똥나무

[청쥐똥나무, 푸른쥐똥나무]

Ligustrum ibota

—

잎은 길이 2~4센티미터, 폭 15밀리미터 정도다. 잎은 마주 달리며, 길둥근꼴~긴 길둥근꼴이고 둔한끝鈍頭이다. 잎자루는 길이 1~2밀리미터 정도고 털이 없다. 원뿔꽃차례는 길이 2~3센티미터 정도고 6월에 흰색으로 핀다. 꽃자루에 털이 있고, 꽃받침에 털이 없다.

원뿔꽃차례는 길이 2~3센티미터 정도로 짧다.

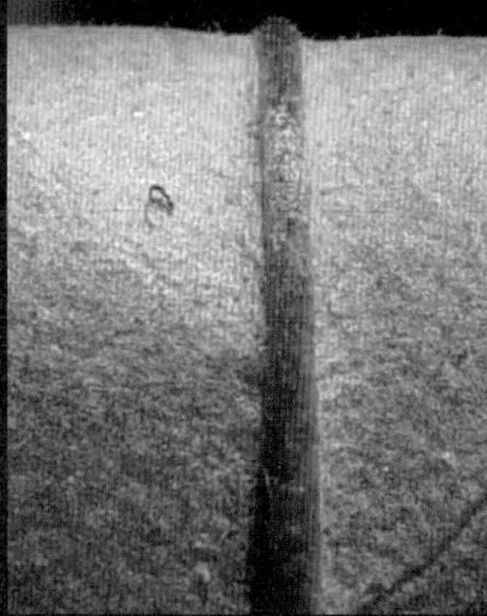

잎 표면에 털이 없고, 뒷면에 약간의 털이 있다가 없어진다.

굳은씨열매는 길이 7~8밀리미터 정도다.

열매는 10~11월에 검은색으로 익는다.

꽃밥은 꽃부리통부
밖으로 나온다.
꽃부리조각은 꽃부리통부보다
약간 짧다.
꽃밥
꽃부리통부
꽃자루에 털이 있고,
꽃받침에 털이 없다.
잎자루는 길이 1~2밀리미터
정도고 털이 없다.
14
잎은 길이 2~4센티미터,
폭 15밀리미터 정도다.
잎은 마주 달리며 길둥근꼴~
긴 길둥근꼴이고 둔한끝鈍頭이다.
잎은 마주 달린다.
어린 가지에 털은 없어진다.
햇 가지
작년 가지
높이 2~3미터 정도 자라는
갈잎떨기나무다.

쥐똥나무

[개쥐똥나무, 남정실]

Ligustrum obtusifolium

—

어린 가지에 털이 있으나 작년 가지에는 없다. 잎은 마주 달리며 길둥근꼴~긴 길둥근꼴이다. 잎 표면에 털이 없고, 뒷면 맥 위에 털이 있다. 잎자루는 길이 1~2밀리미터 정도고 털이 없다. 꽃차례는 길이 2~3센티미터 정도다. 꽃부리조각은 꽃부리통부 길이 보다 짧다.

꽃차례의 길이
좀쥐똥나무: 1~2센티미터
좀털쥐똥나무: 2~3센티미터
쥐똥나무: 2~3센티미터

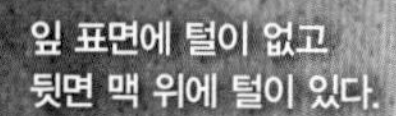

잎 표면에 털이 없고
뒷면 맥 위에 털이 있다.

열매는 달걀같은
공모양이다.

굳은씨열매는
길이 5~7밀리미터 정도다.

씨앗은 길이 4~6밀리미터 정도다.

꽃부리조각은
꽃부리통부 길이 보다 짧다.

2개의 수술은
꽃부리통부에 달린다.

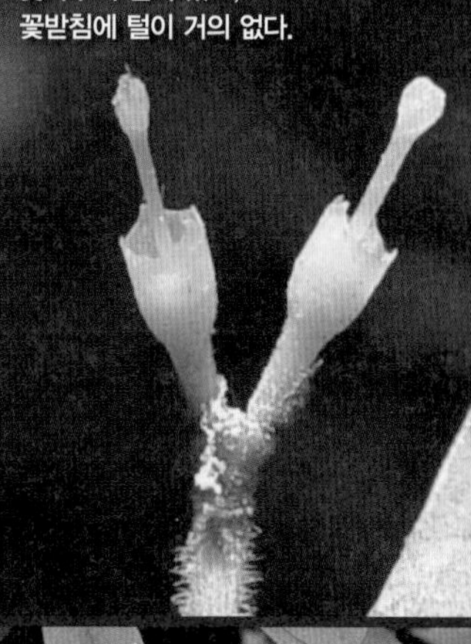

꽃자루에 털이 있고,
꽃받침에 털이 거의 없다.

잎자루는 길이 1~2밀리미터
정도고 털이 없다.

잎은 길이 2~7센티미터,
폭 7~25밀리미터 정도다.

잎은 마주 달리며
길둥근꼴~긴 길둥근꼴이다.

잎은 마주 달린다.

어린 가지에 털이 있으나
작년 가지에는 없다.

햇 가지

작년 가지

높이 2~4미터 정도 자라는
갈잎떨기나무다.

519
물푸레나무과

산동쥐똥나무

[산쥐똥나무]

Ligustrum leucanthum

—

어린 가지에 잔털이 촘촘히 많다. 잎은 바소꼴~달걀같은 길둥근꼴이며 끝이 매우 뾰족하다. 잎 표면에 털이 없고 뒷면에 중심맥과 맥 사이에도 털이 약간 있다. 잎자루는 길이 1~2밀리미터 정도고 털이 있다. 꽃부리조각은 꽃부리통부보다 약간 짧다. 꽃자루와 꽃받침에 털이 있다.

원뿔꽃차례는
길이 2~5센티미터 정도다.

잎 표면에 털이 없고 뒷면에는
중심맥과 맥 사이에도 털이 약간 있다.

굳은씨열매는
길이 8~9밀리미터 정도다.

열매는 10~11월에 검은색으로 익는다.

6월 꽃 핀 모습

꽃부리통부
꽃부리조각
꽃부리조각은 꽃부리통부보다
약간 짧다.
꽃밥
암술대
꽃받침
꽃자루와 꽃받침에 털이 있다.
잎자루는
길이 1~2밀리미터 정도고
털이 있다.
잎 끝이
뾰족하다.
잎은 길이 3~7센티미터 정도다.
잎은 마주 달리며
바소꼴~달걀같은 길둥근꼴이다.
11월 단풍
햇 가지에 털이 촘촘히 많다
작년 가지에 털이 없어진다.
높이 1~3미터 정도 자라는
갈잎떨기나무다.

520
물푸레나무과

원뿔꽃차례는
길이 2~3센티미터 정도다.

잎 표면에 털이 없고,
잎 뒷면 중심맥과 맥 사이에도
털이 많은 편이다.

털쥐똥나무

[큰쥐똥나무]

Ligustrum obtusifolium var. regelianum

—

햇 가지는 물론 작년 가지에도 잔털이 촘촘히 많다. 잎은 긴 길둥근꼴~거꿀달걀꼴이며 끝이 둥근 편이다. 잎 표면에 털이 없고 잎 뒷면 중심맥과 맥 사이에도 털이 많은 편이다. 잎자루는 길이 1~2밀리미터 정도고 털이 있다. 원뿔꽃차례는 길이 2~3센티미터 정도다.

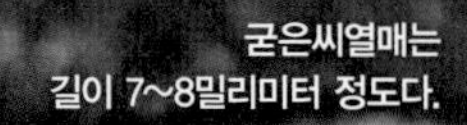

굳은씨열매는
길이 7~8밀리미터 정도다.

열매는 10~11월에 검은색으로 익는다.

꽃부리통부는
꽃부리조각보다 약간 길다.
꽃밥은 꽃부리통부 밖으로 나온다.
꽃밥
암술
꽃받침
꽃자루와 꽃받침에 털이 있다.
잎자루는 길이
1~2밀리미터
정도고
털이 있다.
잎은 길이 3~7센티미터 정도다.
잎 끝은
둥근 편이다.
잎은 마주 달리며 긴 길둥근꼴~
거꿀달걀꼴이며 끝이 둥근 편이다.
원뿔꽃차례
햇 가지는 물론 작년 가지에도
털이 떨어지지 않는다.
높이 2~3미터 정도 자라는
갈잎떨기나무다.

521
물푸레나무과

상동잎쥐똥나무

[넓은상동잎쥐똥나무]

Ligustrum quihoui

—

높이 1~2미터 정도 자란다. 어린 가지에 털이 있다. 반늘푸른 잎은 길이 2~4센티미터, 폭 6~20밀리미터 정도로 왕쥐똥나무보다 잎이 소형이다. 잎자루에 잔털이 있다. 원뿔꽃차례는 길이 10~20센티미터 정도로 큰 편이다. 꽃밥은 꽃부리통부 밖으로 나오며 꽃부리조각은 꽃부리통부와 길이가 비슷하다.

꽃차례가 큰 편이다.

꽃차례의 길이
상동잎쥐똥: 10~20센티미터
왕쥐똥나무: 5~10센티미터

잎 양면에 털이 거의 없다.

굳은씨열매는
길이 10~11밀리미터 정도다.

씨앗은 길이
9~10밀리미터 정도다.

꽃차례에
포엽이 있다.

꽃밥은 꽃부리통부 밖으로 나온다.
꽃밥
꽃부리통부
꽃부리조각은 꽃부리통부와
길이가 비슷하다.
털이 있다.
꽃받침에 털
상동잎쥐똥: 있다.
왕쥐똥나무: 없다.
잎자루는 길이 1~3밀리미터
정도고 잔털이 있다.
잎끝은 둔하지만 때로 오목하다.
오목하다
잎의 길이
상동잎쥐똥: 2~4센티미터
왕쥐똥나무: 5~10센티미터
잎은 마주 달리며
길둥근꼴~거꿀달걀꼴이다.
2월 반늘푸른 잎
어린 가지에 털
상동잎쥐똥: 있다.
왕쥐똥나무: 없다.
높이 1~2미터 정도 자라는
반늘푸른떨기나무다.

왕쥐똥나무

Ligustrum ovalifolium

높이 2~5미터 정도 자란다. 어린 가지에 털이 없다. 반늘푸른 잎은 길이 5~10센티미터, 폭 2~5센티미터 정도로 잎이 큰 편이다. 잎자루에 털이 없다. 원뿔꽃차례는 길이 5~10센티미터 정도다. 수술대는 꽃부리통부 밖으로 나온다.

원뿔꽃차례는 길이 5~10센티미터 정도고 6월에 흰색으로 핀다.

잎 양면에 털이 없다.

열매는 거의 공모양이다.

굳은씨열매는 길이 7~8밀리미터 정도며 10~11월에 검은색으로 익는다.

씨앗은 길이 5~8밀리미터 정도다.

수술대는 꽃부리통부 밖으로 나온다.

잎자루는 길이 3~4밀리미터 정도고 털이 없다.

꽃부리조각은 뒤로 젖혀지며 꽃부리통부보다 짧다.

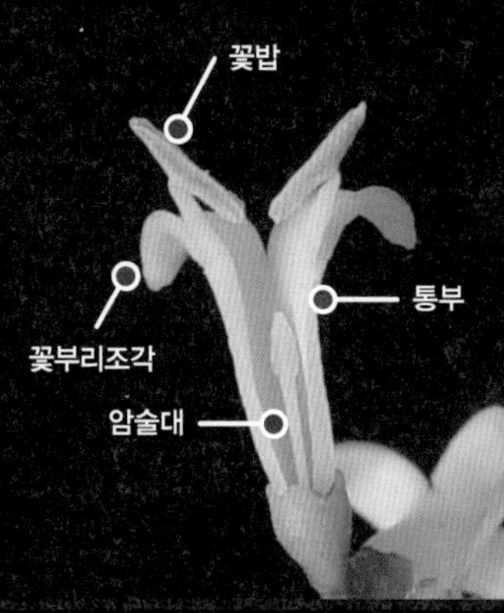

꽃받침은 술잔 모양이고 털이 없다.

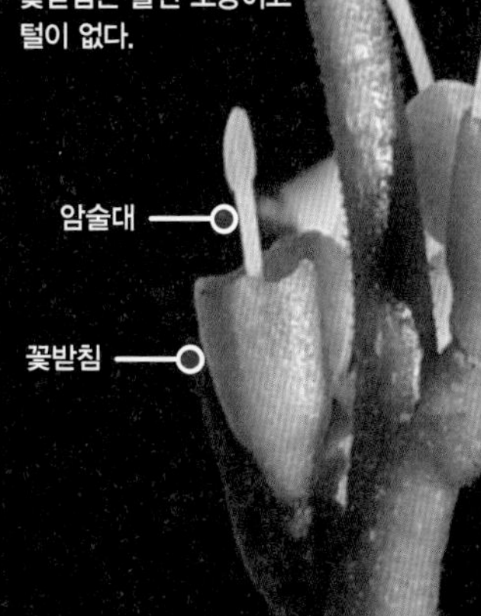

잎은 길이 5~10센티미터, 폭 2~5센티미터 정도로 잎이 큰 편이다.

잎은 마주 달리며 달걀같은 길둥근꼴이다.

1월 반늘푸른 잎

겨울에도 부분적으로 푸른 잎을 가지고 있다.

어린 가지에 털이 없다.

높이 2~5미터 정도 자라는 반늘푸른작은키나무 또는 떨기나무다.

둥근잎섬쥐똥나무

[둥근잎쥐똥나무]

Ligustrum foliosum f. ovale

—

어린 가지에 털이 없거나 잔털이 있다. 잎은 달걀꼴~넓은 달걀꼴이며 끝이 매우 뾰족하다. 꽃차례에 잎 같은 포엽이 있는 특징이 있다. 꽃자루에 털이 있고 꽃받침에 털이 없다.

꽃차례에 잎 같은 포엽이 있다.

잎 표면에 털이 없고
뒷면 맥 위에 약간의 털이 있다.

굳은씨열매는
길이 6~8밀리미터 정도다.

열매는 10~11월에
검은색으로 익는다.

꽃부리조각은 바소꼴이다.

수술대는 꽃부리통부
밖으로 나온다.
수술대
꽃부리조각은
꽃부리통부보다 짧다.
꽃부리
조각
꽃부리통부
꽃받침
꽃대
작은꽃자루와
꽃받침에 털이 없다.
잎자루는 길이 2~5밀리미터
정도고 털이 거의 없다.
잎은 길이 2~7센티미터,
폭 2~3센티미터 정도다.
뾰족하다.
잎은 마주 달리며 달걀꼴~
넓은 달걀꼴이며 끝이 매우 뾰족하다.
원뿔꽃차례는
길이 5~10센티미터 정도다.
어린 가지에
털이 없거나
잔 털이 있다.
높이 1~3미터 정도 자라는
갈잎떨기나무다.

섬쥐똥나무

Ligustrum foliosum

—

어린 가지에 털이 있다. 잎자루는 길이 2~5밀리미터 정도고 털이 있다. 꽃차례에 잎 같은 포엽이 있는 특징이 있다. 꽃자루와 꽃받침에 털이 있다.

포엽
꽃차례에 잎 같은
포엽이 있는 특징이 있다.
수술대는
꽃부리통부
밖으로
나오지 않는다.
꽃부리
통부는
꽃부리
조각보다
약간 길다.
꽃받침에
털이 있다.
잎자루
잎자루는 길이 2~5밀리미터
정도고 털이 있다.
잎은 길이 2~5센티미터,
폭 1~3센티미터 정도다.
잎은 마주 달리며
긴 길둥근꼴~바소꼴이다.
꽃대에
털이 있다.
어린 가지에 털이 있다.
높이 1~3미터 정도 자라는
갈잎떨기나무다.

목서

Osmanthus fragrans

—

잎 가장자리는 톱니가 없거나 잔 톱니가 있다. 잎은 가죽질이며 길이 7~12센티미터, 폭 3~4센티미터 정도로 긴 길둥근꼴이다. 잎 뒷면의 중심맥은 다소 뚜렷하게 도드라진다.

꽃은 10월에 잎 겨드랑이에 모여 달린다.

잎 가장자리는 톱니가 없거나 잔 톱니가 있다.

굳은씨열매는 길둥근꼴이다.

열매는 벽흑색으로 익으며 길이 10~15밀리미터 정도다.

꽃부리는 지름 5밀리미터 정도다.

암수딴그루이며
꽃은 황백색으로 핀다.
수술은 2개, 암술은 1개다.
암술대
씨방
꽃받침
곁맥
잎 뒷면 곁맥은 약간 뚜렷하다.
잎은 길이 7~12센티미터,
폭 3~4센티미터 정도다.
잎은 마주 달리며
긴 길둥근꼴이고 가죽질이다.
잎자루는 길이 7~15밀리미터 정도다.
어린 가지는 털이 없고
껍질눈이 있다.
높이 3~5미터 정도 자라는
늘푸른작은키나무다.

암수딴그루이며
꽃은 10월에 등황색으로 핀다.

잎 뒷면 중심맥은 도드라진다.

꽃은 등황색

꽃은 잎겨드랑이에 모여 달린다.

금목서

[단계목丹桂木]

Osmanthus fragrans var. aurantiacus

—

등황색 꽃이 핀다. 잎 가장자리는 톱니가 없거나 잔 톱니가 있다. 잎 뒷면의 중심맥은 다소 뚜렷하게 도드라진다.

꽃부리는 지름 5밀리미터 정도다.
수술은 2개,
암술은 1개다.
암술
꽃받침
구골나무에 비해 곁맥이
다소 뚜렷하게 보인다.
잎은 길이 7~12센티미터,
폭 3~4센티미터 정도다.
잎은 마주 달리며
긴 길둥근꼴이며 가죽질이다.
잎자루
가지에 털이 없고
껍질눈이 있다.
높이 3~5미터 정도 자라는
늘푸른작은키나무다.

구골나무

[참가시은계목, 털구골나무]

Osmanthus heterophyllus

—

잎가에는 톱니가 없거나 몇 개의 예리한 톱니가 있다. 잎 뒷면 중심맥은 도드라지지 않는다. 암수딴그루이며 흰색의 꽃부리는 지름 4~5밀리미터 정도다. 꽃은 11~12월에 잎 겨드랑이에 모여 달린다.

암수딴그루이며 흰색의 꽃부리는 지름 4~5밀리미터 정도다.

잎 가에 톱니는 0~5개 정도다.

굳은씨열매는 길둥근꼴이며 길이 10~15밀리미터 정도다.

열매는 다음 해 4~5월에 흑벽색으로 익는다.

수꽃의 암술은 퇴화한다.
암술
수술대
암술
수술대
암꽃의 암술은
길게 발달한다.
암술머리
암술대
씨방
꽃받침
잎자루는
길이 5~10밀리미터 정도다.
잎은 길이 3~6센티미터,
폭 2~3센티미터 정도다.
중심맥은
도드라지지
않는다.
잎은 마주 달리며 가죽질이다.
잎 가에는 톱니가 없거나
몇 개의 예리한 톱니가 있다.
어린 가지는 털이 없고
껍질눈이 있다.
높이 3~4미터 정도 자라는
늘푸른작은키나무다.

528
물푸레나무과
개회나무
[개구름나무, 개정향나무]
Syringa reticulata
나무 껍질에 가로로 긴 껍질눈이 있다. 잎자루는 길이 1~2센티미터 정도고 털이 없다. 수술은 2개이며 꽃부리 밖으로 나온다. 튀는열매에 껍질눈이 뚜렷하다.
원뿔꽃차례는 작년 가지 끝에 달리며 길이 10~25센티미터 정도다.
잎 양면에 털이 없다.
튀는열매는 길이 20~25밀리미터 정도다.
열매에 껍질눈이 뚜렷하다.
껍질눈
암술대
꽃받침

꽃은 6월에 흰색으로 핀다.
수술은 2개이며
꽃부리 밖으로 나온다.
암술
수술
꽃받침통
꽃받침통은
꽃부리조각보다 짧다.
꽃받침통
꽃부리조각
잎자루는 길이 1~2센티미터
정도고 털이 없다.
잎은 보통 길이 5~12센티미터,
폭 4~9센티미터 정도다.
잎은 마주 달리며 길둥근꼴
또는 넓은 달걀꼴이다.
엽침: 잎자루 아래쪽이
두툼하게 도드라진 구조
잎자루에
털이 없다.
엽침
어린 가지는 자줏빛이 돈다.
껍질눈
높이 4~6미터 정도 자라는
갈잎작은키나무다.
가로로 긴
껍질눈

수개회나무

[광릉개회나무]

Syringa reticulata f. bracteata

—

개회나무*S. reticulata var. mandshurica*에 비해 꽃차례에 포엽이 달리는 특징이 있다. 기타 사항은 개회나무와 거의 비슷하다.

수술은 꽃부리 밖으로 나온다.
수술은 2개, 암술은 1개다.
꽃부리통부는
꽃부리조각보다 짧다.
꽃부리조각
꽃받침통
꽃부리통부
잎자루는 길이 1~2센티미터
정도고 털이 없다.
잎은 보통 길이 5~12센티미터,
폭 4~9센티미터 정도다.
잎은 마주 달리며 길둥근꼴
또는 넓은 달걀꼴이다.
꽃받침
어린 가지에 털이 없고
껍질눈이 있다.
높이 2~3미터 정도 자라는
갈잎작은키나무 또는 떨기나무다.

들정향나무

Syringa amurensis var. japonica
[Japanese Tree Lilac]

—

개회나무*S. reticulata var. mandshurica*에 비해 어린 가지는 털이 없으며, 가지는 자줏빛을 띤다. 잎 표면에 털이 있거나 없고 뒷면에 털이 있다. 잎자루는 길이 3센티미터 정도로 긴 편이다. 튀는열매에 껍질눈이 희미하다.

수술은 꽃부리 밖으로 나온다.

수술은 2개, 암술은 1개,
꽃부리조각은 4개다.

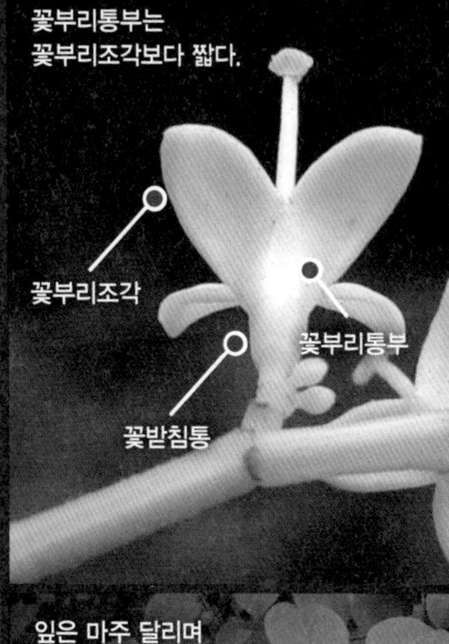

꽃부리통부는
꽃부리조각보다 짧다.

잎자루의 길이
개회나무: 1~2센티미터
들정향나무: 3센티미터

잎은 보통 길이 5~12센티미터,
폭 4~9센티미터 정도다.

잎은 마주 달리며
넓은 달걀꼴 또는 길둥근꼴이다.

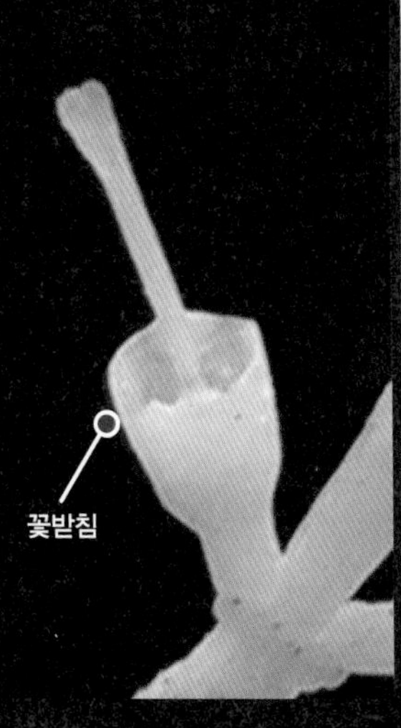

꽃받침에 털이 없다.

어린 가지는 털이 없으며,
가지는 자줏빛을 띤다.

높이 3~4미터 정도 자라는
갈잎작은키나무다.

꽃개회나무

[털꽃개회나무, 짝자래, 짝짝에나무]

Syringa villosa subsp. wolfii

—

정향나무*S. patula var. kamibayshii* 와 비슷하지만 원뿔꽃차례는 햇 가지에 달린다. 꽃부리통부는 길이 12밀리미터 정도고 향기가 있다. 튀는열매에는 껍질눈이 거의 없다.

원뿔꽃차례는 햇 가지에 달리고 길이 20~30센티미터 정도다.

잎 뒷면 맥 위에 털이 있다.

튀는열매는 길이 10~14밀리미터 정도다.

열매에 껍질눈이 거의 없다.

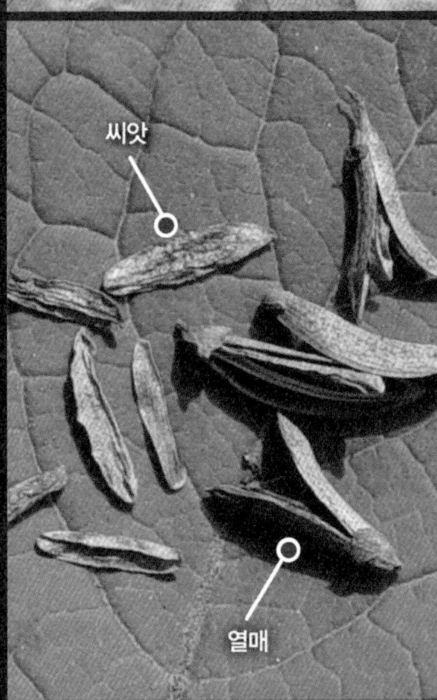

꽃부리통부는 길이 12밀리미터
정도고 향기가 있다.
꽃밥
암술머리
암술
꽃은 6~7월에
연한 홍자색으로 핀다.
잎은 마주 달리며
길둥근꼴 또는 긴 길둥근꼴이다.
잎자루는 길이 10~15밀리미터 정도고
털이 있거나 없다.
잎은 보통 길이 10~15센티미터,
폭 4~6센티미터 정도다.
꽃받침에 털이 없다.
어린 가지에 털이 거의 없고
껍질눈이 있다.
높이 3~5미터 정도 자라는
갈잎작은키나무다.

털개회나무

[가는잎정향나무, 암개회나무, 둥근정향나무]

Syringa pubescens subsp. patula

—

섬개회나무*S. patula var. venosa*와 비슷하지만 어린가지에 융털이 있다. 잎 표면에 털이 있거나 없고, 뒷면 맥 위에 융털이 촘촘히 많다. 꽃은 연한 자주색 또는 흰색으로 핀다. 꽃부리통부는 길이 7~8밀리미터 정도고 향기가 있다. 튀는열매는 길이 10~20밀리미터 정도고 껍질눈이 있다.

원뿔꽃차례는 작년 가지에 달리고 길이 6~16센티미터 정도다.

잎 표면에 털이 있거나 없고 뒷면 맥 위에 융털이 촘촘히 많다.

튀는열매는 길이 10~20밀리미터 정도다.

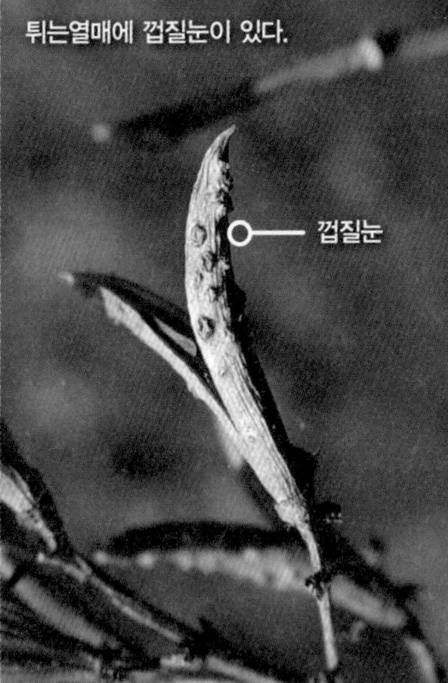

튀는열매에 껍질눈이 있다.

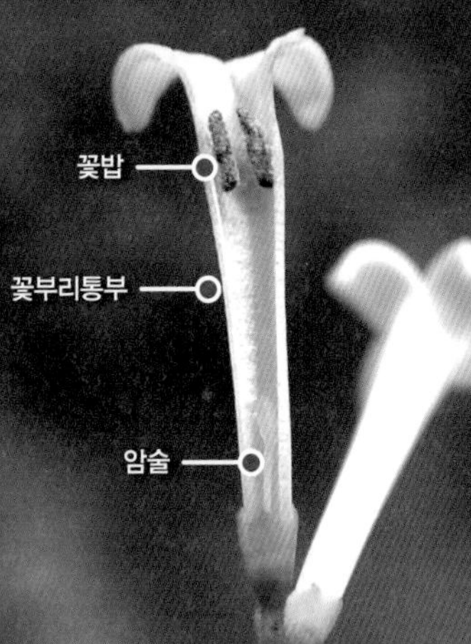

꽃밥은 꽃부리통부 위쪽에 달리지만 꽃부리 밖으로 나오지 못한다.

꽃봉오리에서
꽃밥 부분이
검은 띠처럼
보인다.
꽃부리통부는 길이 7~8밀리미터
정도고 향기가 있다.
꽃자루에 털이 있다.
잎자루는 길이 5~10밀리미터
정도며 털이 있다.
잎은 보통 길이 6~10센티미터,
폭 15~30밀리미터 정도다.
잎은 마주 달리며 달걀같은
길둥근꼴 또는 달걀꼴이다.
꽃부리조각은
뒤로 젖혀진다.
어린 가지와
잎자루에 털이 있다.
높이 2~3미터 정도 자라는
갈잎작은키나무 또는 떨기나무다.

섬개회나무

[섬정향나무]

Syringa patula var. venosa

—

털개회나무*S. patula*와 비슷하지만 꽃은 자주색으로 피며, 꽃자루에 털이 없다. 어린 가지에 털이 없다. 잎은 넓은 달걀꼴 또는 둥근꼴에 가깝다. 잎 표면에 털이 없고 뒷면 맥 아래쪽에 털이 있다.

원뿔꽃차례는 작년 가지에 달리고 4~5월에 자주색으로 핀다.

잎 뒷면 맥 아래쪽에 털이 있다.

튀는열매는 길이 9~12밀리미터 정도다.

튀는열매에 껍질눈이 뚜렷하다.

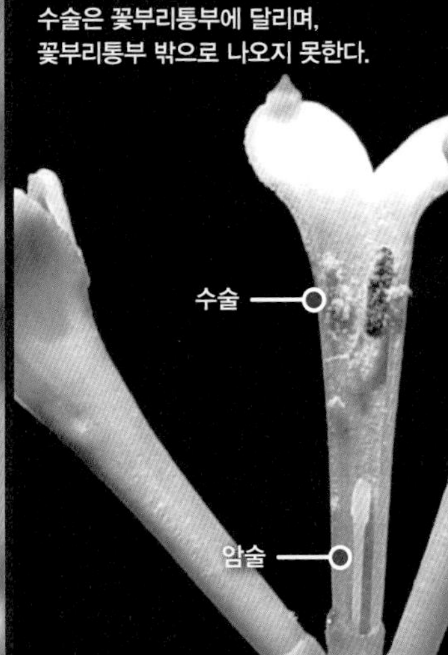

수술은 꽃부리통부에 달리며, 꽃부리통부 밖으로 나오지 못한다.

꽃부리조각은 통부보다 짧다.
꽃부리 조각
꽃부리 통부
돌기
꽃부리조각의 끝에 돌기가 있다.
꽃받침에 털이 없다.
잎자루에 털이 있다.
잎은 길이 7센티미터, 폭 5센티미터 정도다. 잎 표면 잎맥은 홈이 파인다.
잎은 마주 달리며 넓은 달걀꼴 또는 둥근꼴에 가깝다.
꽃자루에 털이 없다.
어린 가지에 털이 없고 껍질눈이 있다.
높이 150~200센티미터 정도 자라는 갈잎떨기나무다.

흰섬개회나무

Syringa patula var. venosa f. lactea

—

섬개회나무*S. patula var. venosa*와 비슷하지만 꽃은 흰색으로 핀다.

원뿔꽃차례는 작년 가지에 달린다.

잎 뒷면 맥 아래쪽에 털이 있다.

열매는 9월에 익는다.

튀는열매는 길이 9~12밀리미터 정도다.

열매에 껍질눈이 있다.

꽃부리 조각
꽃부리 통부
꽃부리조각은 통부보다 짧다.
수술
암술
수술은 꽃부리통부에 달린다.
꽃받침
꽃받침에 털이 없다.
잎자루에 털이 없지만 있는 것도 있다.
잎끝은 뾰족하다.
잎은 마주 달리며 넓은 달걀꼴 또는 둥근꼴에 가깝다.
꽃자루에 털이 없다.
가지에는 털이 없고 껍질눈이 있다.
겨울눈
껍질눈
높이 150~200센티미터 정도 자라는 갈잎떨기나무다.

정향나무

[둥근잎정향나무, 둥근정향나무]

Syringa patula var. kamibayshii

—

어린 가지에 털이 있다. 잎은 마주 달리며 둥근꼴에 가깝다. 잎 뒷면에 털이 없거나, 잎맥 아래쪽에 털이 있다. 잎자루에 털은 없어진다. 꽃은 5월에 자주색으로 핀다. 튀는열매는 길이 9~12밀리미터 정도고 껍질눈이 약간 있다.

원뿔꽃차례는 작년 가지에 달리며 길이 6~20센티미터 정도다.

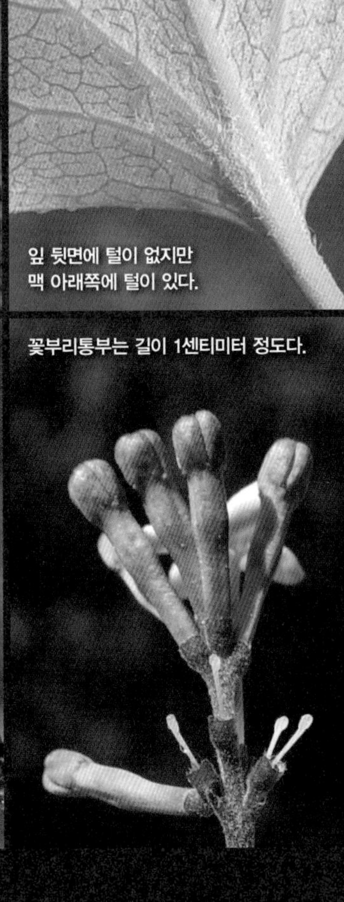

잎 뒷면에 털이 없지만 맥 아래쪽에 털이 있다.

꽃부리통부는 길이 1센티미터 정도다.

열매에 약간의 껍질눈이 있다.

튀는열매는 길이 9~12밀리미터 정도다.

꽃은 5월에
자주색으로 핀다.
수술은 꽃부리통부에 달리며,
꽃부리통부 밖으로 나오지 못한다.
암술대
꽃자루에 털
꽃받침에 털
잎맥이 약간
들어간다.
잎자루에
털은
없어진다.
잎 표면
잎은 보통 지름 35밀리미터 정도다.
잎은 마주 달리며 둥근꼴에 가깝다.
꽃밥
암술대
어린 가지에
털이 있다.
높이 1~2미터 정도 자라는
갈잎떨기나무다.

536
물푸레나무과

꽃차례의 길이
수수꽃다리: 12센티미터 이하
서양수수꽃다리: 12센티미터 이상

잎 양면에 털이 없다.

수수꽃다리

[개똥나무, 넓은잎정향나무]

Syringa oblata var. dilatata

—

어린 가지에 털이 없다. 잎은 길이 5~12센티미터 정도의 넓은 달걀꼴이다. 원뿔꽃차례는 작년 가지에 달리며, 길이 7~12센티미터 이하로 작은 편이다. 꽃부리 통부는 길이 10밀리미터 정도다. 튀는열매에 껍질눈이 없다.

열매의 끝은 뾰족끝이다.

튀는열매에 껍질눈이 없다.

튀는열매는 길이 9~15밀리미터 정도고 길둥근꼴이다.

꽃은 4월 자주색으로 핀다.
꽃부리통부는 길이
10밀리미터 정도다.
꽃받침에 털
꽃대에
털이 있다.
잎자루는 길이 20~25밀리미터
정도고 털이 없다.
잎은 길이 5~12센티미터,
폭 10센티미터 정도다.
잎은 마주 달리며 넓은 달걀꼴이다.
4월 초 돋아나는 꽃차례
새잎은 붉은색을 띤다.
나무 껍질은 가늘게 벗겨진다.
높이 2~3미터 정도 자라는
갈잎떨기나무다.

라일락

Syringa vulgaris

—

잎은 마주 달리며 달걀꼴 또는 넓은 달걀꼴이다. 원뿔꽃차례는 작년 가지에 연한 홍자색으로 달리며 길이 10~20센티미터 정도다. 튀는열매는 길이 15~20밀리미터 정도고 긴 길둥근꼴이다. 튀는열매에 껍질눈이 없다. 수수꽃다리에 비해 나무 껍질은 두텁게 4각으로 갈라진다.

원뿔꽃차례는 길이 10~20센티미터 정도로 큰 편이다.

잎 양면에 털이 없다.

튀는열매의 끝은 뾰족끝이다.

열매에 껍질눈이 없다.

열매는 길이 15~20밀리미터 정도고 긴 길둥근꼴이다.

꽃부리는 지름 15밀리미터 정도다.
꽃부리통부는
길이 15밀리미터 정도다.
꽃밥
암술대
수술은 2개이며
꽃부리통부 위쪽에 달린다.
잎자루는 길이 20~25밀리미터
정도고 털이 없다.
잎은 보통 길이 15센티미터,
폭 9센티미터 정도다.
잎은 마주 달리며
달걀꼴 또는 넓은 달걀꼴이다.
암술머리
암술대
꽃받침
어린 가지에 털이 없고
껍질눈이 있다.
높이 2~4미터 정도 자라는
갈잎떨기나무다.
나무 껍질은 두텁게 갈라진다.

미스김라일락

***Syringa pubescens subsp. patula* 'Miss Kim'**

—

시링가 메이어리 '팔리빈'(*S. meyeri* 'Palibin')에 비해 잎은 길이 5~8센티미터 정도로 보다 큰 편이며, 잎맥은 깃꼴맥(우상맥羽狀脈)이다. 원뿔꽃차례는 작년 가지에 달리며 길이 7~11센티미터 정도로 작은 편이다. 꽃부리통부는 길이 15밀리미터 정도고, 꽃부리는 지름 12밀리미터 정도다.

꽃은 5월에 자주색으로 핀다.
꽃부리통부는 길이 15밀리미터 정도고,
꽃부리는 지름 12밀리미터 정도다.
암술
꽃받침
꽃자루와 꽃받침에 털이 있다.
잎자루
잎자루는 길이 1~2센티미터 정도고
약간의 털이 있다.
잎은 길이 5~8센티미터 정도다.
잎은 마주 달리며
달걀같은 둥근꼴이다.
팔리빈
미스김
잎 크기의 비교
줄기에 껍질눈이 있다.
높이 120~210센티미터 정도 자라는
갈잎떨기나무다.

시링가 메이어리 '팔리빈'

Syringa meyeri **'Palibin'**

—

잎은 길이 2~4센티미터 정도로 소형이다. 잎맥은 손바닥보양맥(장상맥掌狀脈)이다. 원뿔꽃차례는 작년 가지에 달리며 길이 10센티미터 정도로 작은 편이다. 꽃부리통부는 길이 13밀리미터, 꽃부리는 지름 7밀리미터 정도다.

원뿔꽃차례는 작년 가지에 달리며
길이 10센티미터 정도로 작은 편이다.

잎 표면에 털이 없고
뒷면 잎맥 아래쪽에 털이 있다.
잎맥은 손바닥보양맥이다.

튀는열매는
길이 13밀리미터 정도이며
껍질눈이 있다.

씨앗은 길이 9밀리미터 정도이며
날개가 있다.

4월초. 꽃봉오리

꽃은 5월에 자주색으로 핀다.
꽃부리통부는 길이 13mm,
꽃부리는 지름 7mm 정도다.
암술
꽃받침
꽃자루와 꽃받침에 털이 있다.
잎자루
루는 길이 6~15밀리미터
고 털이 있다.
잎은 지름 2~4센티미터 정도다.
잎은 마주 달리며 달걀같은 둥근꼴이다.
은 꽃부리통부에 붙어 있다.
꽃밥
암술
어린 가지에 털이 있다.
높이 120~150센티미터 정도 자라는
갈잎떨기나무다.

만첩협죽도

Nerium indicum f. plenum

—

잎은 3개씩 돌려 달리며 줄꼴이다. 꽃은 겹꽃이며 7~10월 분홍색으로 핀다. 꽃부리는 지름 3~4센티미터 정도다. 5개의 수술이 있으며 꽃밥 끝에는 실 같은 부속체가 덧붙어 있다.

꽃은 겹꽃이며
7~10월 분홍색으로 핀다.

잎 양면에 털이 없다.

쪽꼬투리열매는
길이 10센티미터 정도다.

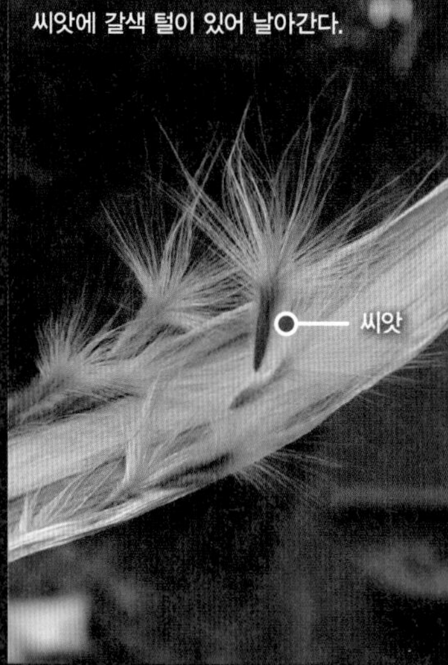

씨앗에 갈색 털이 있어 날아간다.

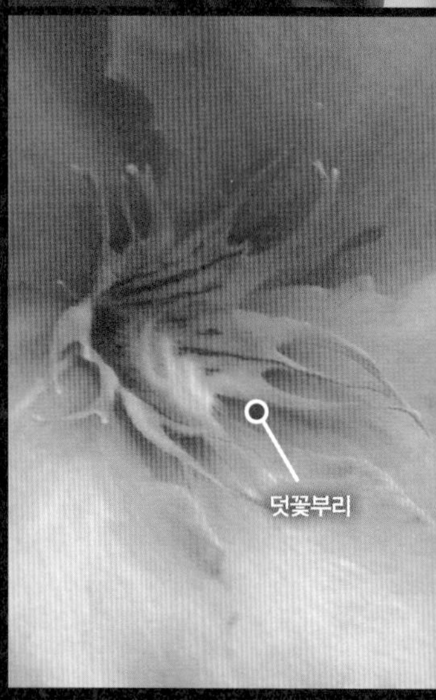

꽃부리는 지름 3~4센티미터 정도다.
덧꽃부리
꽃부리 안쪽에 5개의 덧꽃부리가 있으며
덧꽃부리는 수평으로 펴진다.
꽃밥 끝에는 실같은
부속체가 있다.
부속체
꽃밥
암술
수술대
잎은 3개씩 돌려 달리기3葉輪生
잎은 길이 7~15센티미터,
폭 8~20밀리미터 정도다.
잎은 3개씩 돌려 달리며
줄꼴이다.
부속체
꽃밥
수술대
어린 가지는 각이지며 털이 없다.
높이 2~3미터 정도 자라는
늘푸른떨기나무다.

541
협죽도과
흰협죽도
Nerium indicum f. leucanthum
—
만첩협죽도N. indicum f. plenum에 비해 꽃이 흰색이다.
꽃은 반겹꽃이며
7~10월 흰색으로 핀다.
잎 양면에 털이 없다.
쪽꼬투리열매는
길이 10센티미터 정도다.
꽃받침
부속체
꽃밥
수술대

꽃부리는 지름 3~4센티미터 정도다.
덧꽃부리
꽃부리 안쪽에
5개의 덧꽃부리가 있으며
덧꽃부리는 수평으로 퍼진다.
꽃밥 끝에는 실같은 부속체가
덧붙어 있다.
부속체
꽃밥
수술대
잎은 3개씩 돌려 달리기
잎은 길이 7~15센티미터,
폭 8~20밀리미터 정도다.
잎은 3개씩 돌려 달리며
줄꼴이다.
작은모임꽃차례
어린 가지는 각이 지며 털이 없다.
높이 2~3미터 정도 자라는
늘푸른떨기나무다.

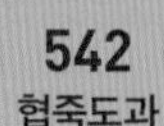

마삭줄

[마삭풀, 왕마삭줄, 민마삭줄]

Trachelospermum asiaticum

—

털마삭줄*T. jasminoides var. pubescens*에 비해 수술은 꽃부리통부 윗부분에 붙어 있고, 수술이 꽃부리통부 입구까지 닿거나, 통부 밖으로 약간 나온다. 꽃받침조각은 길이 1~3밀리미터 정도로 털마삭줄보다 짧은 편이다. 암술대는 꽃받침조각 길이의 두 배 이상이다. 열매는 길이 10~30센티미터 정도며 2개의 열매는 예각으로 벌어진다.

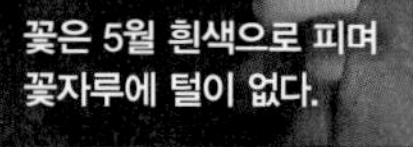

꽃은 5월 흰색으로 피며
꽃자루에 털이 없다.

잎 양면에 털이 없다.

열매는 길이 10~30센티미터 정도며
2개의 열매는
90도 이하 예각으로 벌어진다.

꽃부리는 5갈래로 갈라진다.

꽃자루와 꽃부리통부에 털이 없다.

꽃부리는 지름 2~3센티미터,
꽃부리통부는 길이 7~8밀리미터 정도다.

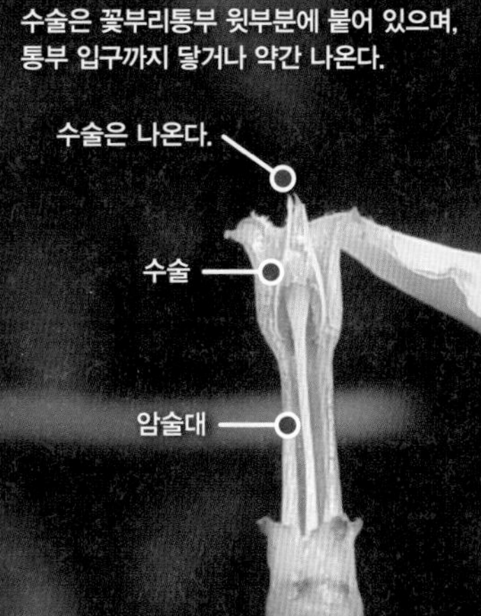
수술은 꽃부리통부 윗부분에 붙어 있으며,
통부 입구까지 닿거나 약간 나온다.

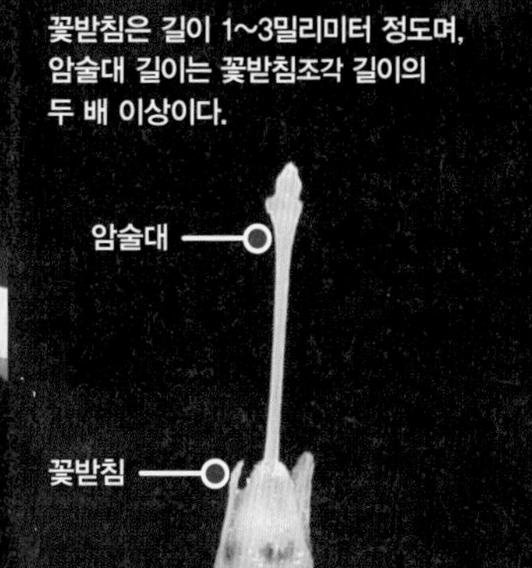
꽃받침은 길이 1~3밀리미터 정도며,
암술대 길이는 꽃받침조각 길이의
두 배 이상이다.

잎자루는 길이 5밀리미터 정도고
털이 거의 없다.

잎은 길이 2~5센티미터,
폭 1~3센티미터 정도다.

잎은 마주 달리며
달걀꼴~긴 길둥근꼴이다.

꽃받침조각이 짧고 털이 없다.

어린 가지에
털이 있다.

줄기 길이 3~10미터 정도 자라는
늘푸른덩굴나무다.

털마삭줄

[털마삭나무]

Trachelospermum jasminoides

—

마삭줄*T. asiaticum*에 비해 잎 뒷면에 털이 촘촘히 많다. 수술은 꽃부리통부 중간쯤에 붙어있다. 수술은 꽃부리통부 입구까지 닿지 못한다. 암술대와 꽃받침조각은 길이가 비슷하다. 꽃받침은 길이 2~5밀리미터 정도로 마삭줄보다 큰 편이다. 2개의 쪽꼬투리열매는 90도 이상 거의 수평으로 벌어진다.

꽃은 5월 흰색으로 피며
꽃자루에 털이 있다.

잎 표면에 털이 없고
뒷면에 털이 촘촘히 많다.

쪽꼬투리열매는
길이 10~25센티미터 정도며,
2개의 열매는 90도 이상
거의 수평으로 벌어진다.

씨앗에는 길이 2~4센티미터 정도의
흰색 털이 있다.

씨앗

8월 벌어지기 전 어린 열매

꽃부리는 지름 2~3센티미터 정도다.

수술은 5개이며
꽃부리통부 중간쯤에 붙어 있다.
수술은 꽃부리통부 입구까지 닿지 못한다.

꽃받침조각은
길이 2~5밀리미터 정도로,
암술대와 꽃받침조각은
길이가 비슷하다.

잎자루에 털이 있다.

잎은 길이 4~8센티미터,
폭 2~3센티미터 정도다.

잎은 마주 달리며
좁은 길둥근꼴~달걀꼴이다.

줄기나 잎에 상처가나면 나오는
흰색 젖물乳液은 유독성이다.

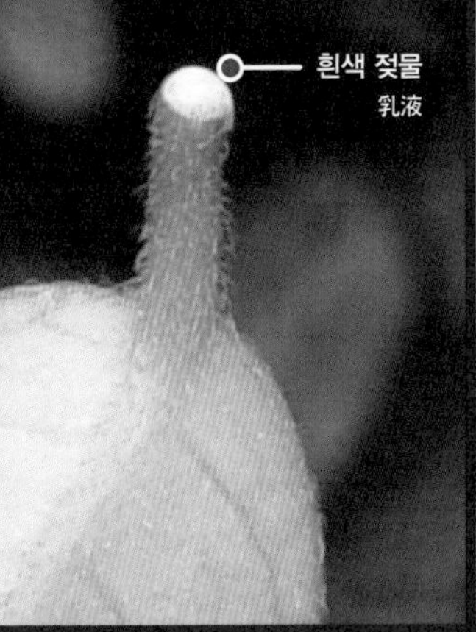

어린 줄기에
털이 있다.

줄기 길이 3~10미터 정도 자라는
늘푸른덩굴나무다.

백화등

[백화마삭줄, 홰화등]

Trachelospermum asiaticum* var. *majus

—

털마삭줄*T. jasminoides* var. *pubescens*에 비해 잎은 길이 8~10센티미터, 폭 2~5센티미터 정도로 약간 큰 편이다. 2개의 열매는 90도 이하 예각으로 벌어진다.

꽃은 5월 흰색으로 피며 꽃자루에 털이 있다.

잎 표면에 털이 없고 뒷면에 털이 촘촘히 많다.

쪽꼬투리열매는 길이 10~25센티미터 정도다. 2개의 열매는 90도 이하 예각으로 벌어진다.

9월 쪽꼬투리열매는 저절로 벌어져 씨앗이 날아간다.

씨앗에는 길이 2~4센티미터 정도의 흰색 털이 있다.

꽃부리는 지름 2~3센티미터,
꽃부리통부는
길이 7~10밀리미터 정도다.

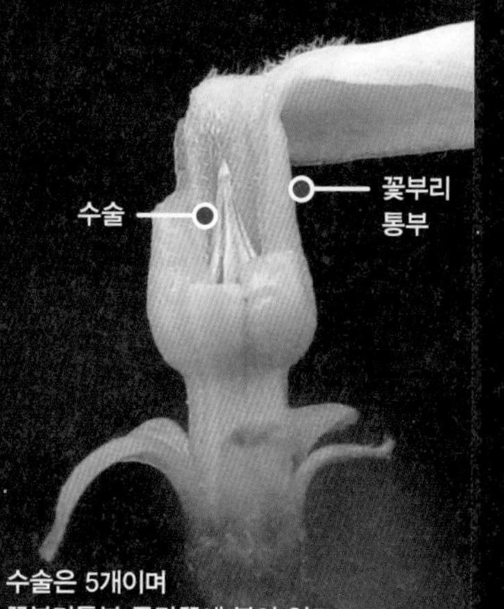
수술
꽃부리
통부
수술은 5개이며
꽃부리통부 중간쯤에 붙어 있고,
수술은 꽃부리통부 입구까지 닿지 못한다.

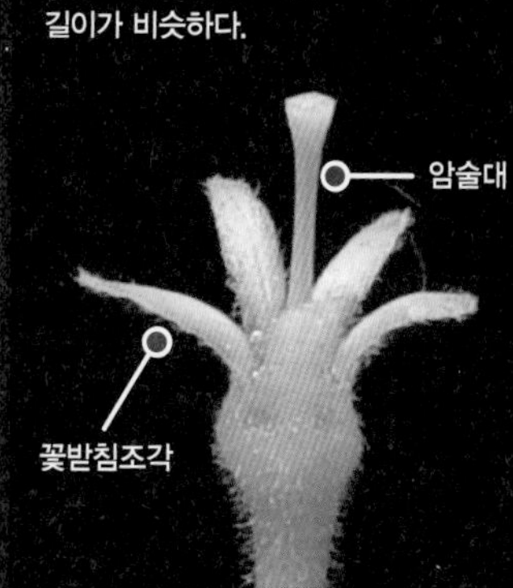
꽃받침조각은
길이 2~5밀리미터 정도로
암술대와 꽃받침조각은
길이가 비슷하다.
암술대
꽃받침조각

잎자루에 털이 있다.

잎은 길이 8~10센티미터,
폭 2~5센티미터 정도다.

잎은 마주 달리며
긴 길둥근꼴~달걀꼴이다.

줄기에서 공기뿌리가 발생하여
다른 물체에 붙어 자란다.
공기뿌리

어린 가지에 털이 있다.

줄기 길이 5~10미터 정도 자라는
늘푸른덩굴나무다.

빈카

[좁은잎빈카, 빈카 마이너]

Vinca minor

—

큰잎빈카*V. major*에 비해 잎은 길둥근 모양의 바소꼴이며 길이 30~45밀리미터, 폭 10~15밀리미터 정도로 잎의 폭이 좁다. 꽃부리는 지름 25~30밀리미터, 꽃부리통부는 길이 9~11밀리미터 정도로 약간 작은 편이다.

꽃은 잎 겨드랑이에 달리며
5월 남보라색으로 한 송이씩 핀다.

잎자루와 잎 표면 중심맥에
털이 있으며
뒷면에는 털이 없다.

쪽꼬투리열매는
길이 5센티미터 정도다.

꽃은 남보라색으로 핀다.

암술과 수술

꽃부리는 지름 25~30밀리미터 정도로
약간 작은 편이다.
꽃부리통부는
길이 9~11밀리미터 정도다.
암술머리에
흰색 털이
촘촘히 많다.
씨방
잎은 양 끝이 뾰족하다.
잎은 길이 30~45밀리미터,
폭 10~15밀리미터 정도로
잎의 폭이 좁다.
2
3
잎은 마주 달리며
길둥근 모양의 바소꼴이다.
5개의 수술은
꽃부리통부 안쪽에 붙어 있다.
꽃밥
수술대
어린 가지에
털이 없다.
줄기 길이 60센티미터 정도 자라는
늘푸른 덩굴성 여러해살이풀
또는 버금떨기나무다.

큰잎빈카

[빈카 메이저]

Vinca major

—

줄기는 가늘고 땅을 기면서 자라며 어린 가지에 털이 없다. 잎은 길이 4~7센티미터, 폭 20~45밀리미터 정도로 폭이 넓은 편이다. 꽃은 잎 겨드랑이에 달리며 5월 남보라색으로 한 송이씩 핀다. 꽃부리는 지름 3~4센티미터 정도다.

꽃은 잎 겨드랑이에 달리며 5월 남보라색으로 한 송이씩 핀다.

잎자루와 잎 표면 중심맥에 털이 있으며 뒷면에는 털이 없다.

열매는 쪽꼬투리열매다.

꽃은 남보라색

암술과 수술

꽃부리는 지름 3~4센티미터 정도다.
꽃부리통부는
길이 12~15밀리미터 정도다.
암술머리에
흰색 털이
촘촘히 많다.
꽃받침
조각
잎자루에 털이 있다.
잎은 길이 4~7센티미터,
폭 20~45밀리미터 정도로
폭이 넓은 편이다.
3
잎은 마주 달리며 달걀꼴이다.
5개의 수술은
꽃부리통부 안쪽에 붙어 있다.
어린 가지에 털이 없다.
줄기 길이 2~5미터 정도 자라는
늘푸른 덩굴성 여러해살이풀
또는 버금떨기나무다.

구슬꽃나무

[중대가리나무, 머리꽃나무]

Adina rubella

—

꽃은 7~8월에 피며, 머리꽃차례를 이룬다. 꽃부리는 황홍색 또는 흰색이며 꽃부리통부 길이는 2~3밀리미터 정도고 암술대가 매우 길며 수술은 5개다.

꽃은 7~8월에 가지 끝이나 잎겨드랑이에 핀다.

잎 양면 맥 위에 잔털이 있다.

9월 열매

튀는열매는 길이 5센티미터 정도며 5개의 꽃받침조각이 남아 있다.

꽃부리는 황홍색

꽃은 머리꽃차례를 이룬다.
꽃부리
암술대
암술
수술
꽃부리
수술은 5개이며 암술대가 매우 길다.
새잎은 붉은빛이 돈다.
잎은 길이 2~4센티미터 정도의 바소꼴이다.
잎은 마주 달린다.
꽃이 피기 시작하는 모습
어린 가지에 짧은 털이 촘촘히 많다.
높이 1~3미터 정도 자라는 갈잎떨기나무다.

호자나무

[화자나무]

Damnacanthus indicus

—

가지에 5~20밀리미터 정도의 가시가 있다. 어린 가지에 털이 있다. 잎은 마주 달리며 달걀꼴~넓은 달걀꼴이다. 꽃은 잎 겨드랑이에 달리며 4~5월 1~2개씩 흰색으로 핀다. 꽃부리는 길이 10~15밀리미터 정도의 깔때기 모양이다. 굳은씨열매는 지름 10밀리미터 정도다.

꽃은 잎 겨드랑이에 달리며 1~2개씩 흰색으로 핀다.

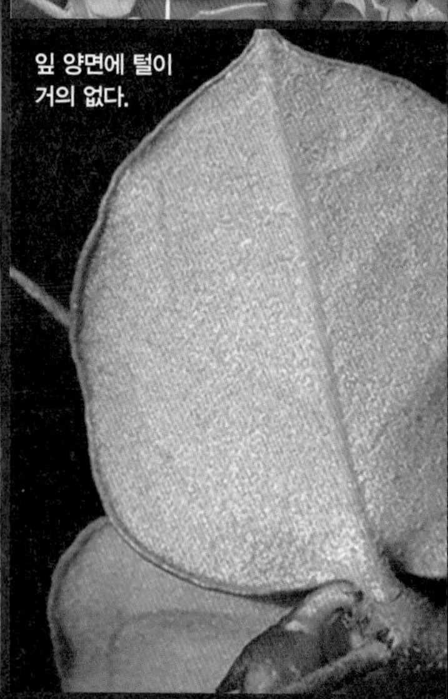

잎 양면에 털이 거의 없다.

열매는 이듬해 9월 붉은색으로 익는다.

굳은씨열매는 지름 10밀리미터 정도다.

가시는 잎보다 길이가 길다. 가시는 길이 5~20밀리미터 정도다.

꽃은 길이 10~15밀리미터 정도의
깔때기 모양이다.
암술은 1개, 암술머리는
4갈래로 갈라진다.
암술
꽃밥
잎자루는 아주 짧다.
잎은 길이 10~25밀리미터,
폭 7~20밀리미터 정도다.
잎은 마주 달리며
달걀꼴~넓은 달걀꼴이다.
수술대
꽃부리
안쪽에 털
어린 가지에 털이 있다.
높이 30~60센티미터 정도 자라는
늘푸른떨기나무다.

꽃부리는 지름 5~7센티미터 정도며, 꽃부리조각은 5~7개다.

치자나무

[치자梔子]

Gardenia jasminoides

—

잎은 마주 달리며 긴 길둥근꼴이다. 잎 표면에 광택이 있으며 잎 양면에 털이 없다. 6월 향기가 짙은 흰색의 꽃은 가지 끝에 달린다. 꽃부리는 지름 5~7센티미터 정도며, 꽃부리조각은 5~7개다. 열매는 길이 35밀리미터 정도며 5~7개의 능선이 있다.

잎 양면에 털이 없다.

물열매는 길이 35밀리미터 정도며 5~7개의 능선이 있다.

열매는 9월 주황색으로 익는다.

잎 표면에 광택이 있다.

암술
수술
5~7개의 수술은
꽃부리조각 사이에 달린다.
암술
암술은 콩알처럼 두 쪽으로 갈라진다.
꽃받침조각
꽃받침조각은
길이 1~3센티미터 정도로 가늘고 길다.
짧은 잎자루가 있다.
잎은 길이 5~15센티미터 정도다.
잎은 마주 달리며 긴 길둥근꼴이다.
꽃부리조각이 5개인 꽃
어린 가지에 짧은 털이 있다.
높이 1~3미터 정도 자라는
늘푸른떨기나무다.

꽃치자

[좀치자나무]

Gardenia jasminoides var. radicans

—

치자나무*G. jasminoides* 에 비해 잎은 길이 5~8센티미터, 폭 10~15밀리미터 정도로 좁고 긴 거꿀바소꼴이다. 꽃부리는 지름 3~5센티미터 정도로 작은 편이며, 꽃부리조각은 6개다.

7월 향기가 짙은 흰색의 꽃이 핀다.

잎 양면에 털이 없다.

물열매는 주황색으로 익는다.

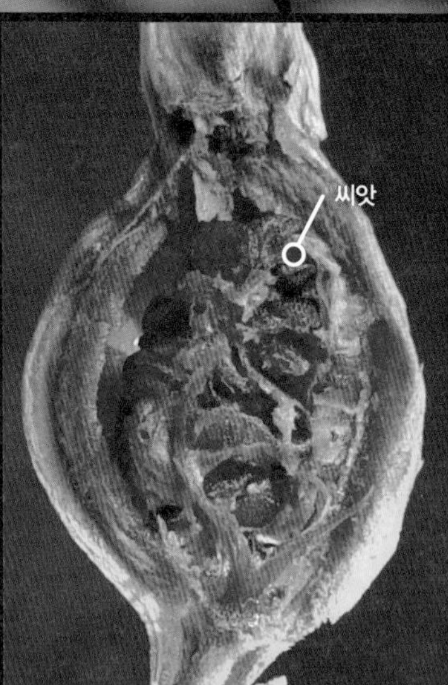

꽃부리조각은 6개

암술
수술
6개의 수술은
꽃부리 갈래조각 사이에 달린다.
꽃받침조각은
6개로 갈라지며 가늘고 길다.
잎은 양 끝이 좁고 두꺼우며
광택이 있다.
잎은 길이 5~8센티미터,
폭 10~15밀리미터 정도다.
잎은 마주 달리며
좁고 긴 거꿀바소꼴이다.
꽃봉오리
어린 가지에
털이있다.
높이 60센티미터 정도 자라는
늘푸른떨기나무다.

계요등

[계뇨등, 구렁내덩굴]

Paederia foetida

—

줄기 길이 5~7미터 정도로 다른 나무를 감고 올라가며 자란다. 잎은 마주 달리며 달갈꼴 또는 달갈같은 바소꼴이다. 잎은 길이 5~10센티미터, 폭 2~7센티미터 정도다. 잎 뒷면에 잔털이 있거나 없다. 꽃부리 안쪽은 자주색이며 털이 촘촘히 많다. 열매는 9월 황갈색으로 익는다.

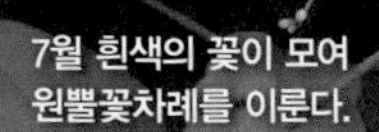

7월 흰색의 꽃이 모여 원뿔꽃차례를 이룬다.

잎 뒷면에 잔 털이 있거나 없다.

열매는 9월 황갈색으로 익는다.

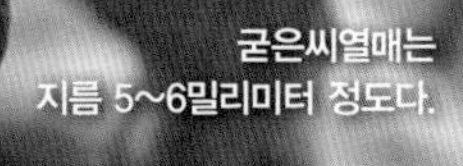

굳은씨열매는 지름 5~6밀리미터 정도다.

씨앗은 반공모양半球形이며 지름 3~4밀리미터 정도다.

꽃부리는 길이 7~12밀리미터 정도의 둥근기둥꼴圓柱形이다.

꽃부리 안쪽은 자주색이며 털이 촘촘히 많다.

암술대는 둘로 갈라진다.

잎 가에 톱니가 없다.

잎은 길이 5~10센티미터, 폭 2~7센티미터 정도다.

잎은 마주 달리며 달걀꼴 또는 달걀같은 바소꼴이다.

계요등鷄尿藤은 잎과 줄기에서 닭오줌 냄새가 난다고 하여 붙은 이름이다.

어린 줄기에 약간의 잔털이 있다.

줄기 길이 5~7미터 정도로 다른 나무을 감고 올라가는 갈잎落葉덩굴나무蔓莖木다.

털계요등

[우단계요등]

Paederia scandens var. velutina

—

계요등*P. scandens*에 비해 잎은 넓으며, 잎 뒷면에 융털이 촘촘히 많다.

꽃부리 안쪽은 자주색이며
털이 촘촘히 많다.
암술
수술
5개의 수술대 중
2개는 길고 3개는 짧다.
암술대는 둘로 갈라진다.
잎은 마주 달린다.
잎은 길이 5~12센티미터 정도다.
잎은 마주 달리며 넓은 달갈꼴이다.
원뿔꽃차례
어린 가지에
잔 털이 있다.
줄기 길이 5~7미터 정도로
다른 나무를 감고 올라가는
갈잎덩굴나무다.

좁은잎계요등

[가는잎계뇨등]

Paederia scandens var. angustifolia

—

계요등*P. scandens*에 비해 잎은 길이 3~16센티미터, 폭 5~10밀리미터 정도로 폭이 좁고 긴 바소꼴이다.

열매는 9월 황갈색으로 익는다.

굳은씨열매는
지름 5~6밀리미터 정도다.

7월 흰색의 꽃이 모여
원뿔꽃차례를 이룬다.

잎 표면에 누운 털이 있고

뒷면 맥 위에 잔털이 있다.

원뿔꽃차례

꽃부리는
길이 7~15밀리미터 정도의
둥근기둥꼴圓柱形이다.
꽃부리 안쪽은 자주색이며
털이 촘촘히 많다.
수술은 5개,
암술은 둘로 갈라진다.
암술
잎자루는 길이 1~6센티미터
정도고 털이 있다.
잎은 길이 3~16센티미터,
폭 5~10밀리미터 정도로 좁고 길다.
잎은 마주 달리며 좁고
긴 바소꼴이다.
꽃받침
어린 줄기에 약간의 잔털이 있다.
줄기 길이 5~7미터 정도로
다른 나무를 감고 올라가는
갈잎덩굴나무다.

백정화

[백마골, 두메별꽃, 유월설六月雪]

Serissa japonica

—

잎은 마주 달리며 길둥근꼴~달걀꼴이다. 잎은 길이 6~22밀리미터, 폭 6밀리미터 정도다. 가시 모양의 턱잎은 길이 1~2밀리미터 정도다. 꽃은 가지 끝 또는 잎 겨드랑이에 달리며, 5~6월 흰색~연한 자주색으로 핀다. 5개의 수술은 꽃부리 안쪽에 붙어있고 단주화와 장주화가 있다.

꽃은 가지 끝 또는 잎 겨드랑이에 달리며, 5~6월 흰색~연한 자주색으로 핀다.

잎 표면에 털이 없고 뒷면 맥 위에 약간의 짧은 털이 있다.

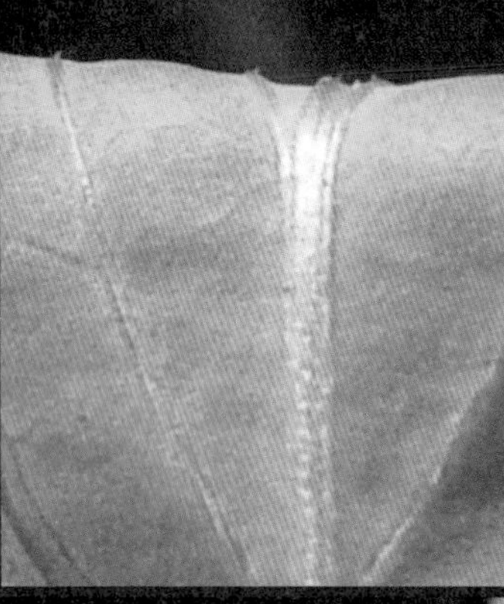

잎 끝은 뾰족하다.

잎은 마주 달린다.

장주화의 암술은 수술보다 길며
암술머리는 둘로 갈라진다.

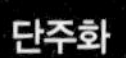

꽃부리는 길이 5~8밀리미터 정도의
깔때기 모양이다.

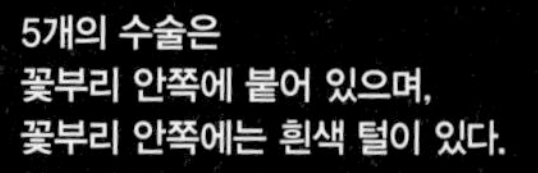

5개의 수술은
꽃부리 안쪽에 붙어 있으며,
꽃부리 안쪽에는 흰색 털이 있다.

가시 모양의 턱잎은
길이 1~2밀리미터 정도다.

잎은 길이 6~22밀리미터,
폭 6밀리미터 정도다.

잎은 마주 달리며
길둥근꼴~달걀꼴이다.

통꽃이다.

어린 가지에 털이 있다.

높이 60~90센티미터 정도 자라는
늘푸른떨기나무다.

작살나무

Callicarpa japonica

—

좀작살나무*C. dichotoma*에 비해 어린 가지는 각이 지지 않고 둥글다. 잎 가장자리 전체에 예리한 톱니가 있다. 꽃자루는 잎자루에 거의 붙어있다. 꽃부리는 길이 3~5밀리미터 정도로 긴 편이다. 암술은 수술보다 현저히 길다.

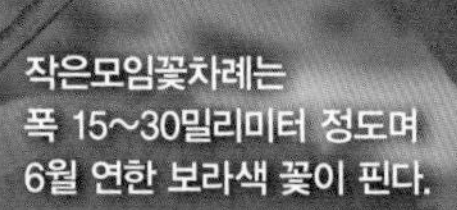

작은모임꽃차례는
폭 15~30밀리미터 정도며
6월 연한 보라색 꽃이 핀다.

잎 양면에 털이 거의 없다.

열매는 10월
보라색으로 익는다.

굳은씨열매는
지름 3~4밀리미터 정도다.

씨앗은 길이 2밀리미터 정도다.

꽃자루
잎자루
꽃자루는 잎자루에
거의 붙어 있다.
암술은 수술보다
현저히 길다.
꽃부리의 길이
작살나무: 3~5밀리미터
좀작살나무: 2밀리미터
꽃부리가
긴 편이다.
잎 끝은 꼬리처럼 길게 뾰족하다.
잎은 길이 6~12센티미터,
폭 3~5센티미터 정도다.
톱니는 잎 전체에 있다.
잎은 마주 달리며 달걀꼴이다.
작은모임꽃차례
어린 가지는 각이 지지 않고 둥글며,
별모양 털이 있으나 점차 없어진다.
높이 1~2미터 정도 자라는
갈잎떨기나무다.

흰작살나무

Callicarpa japonica var. leucocarpa

—

작살나무*C. japonica*에 비해 꽃과 열매가 흰색이다.

작은모임꽃차례는 폭이 15~30밀리미터 정도며 6월 흰색 꽃이 핀다.

잎 양면에 털이 거의 없다.

열매는 10월 흰색으로 익는다.

굳은씨열매는 지름 3~4밀리미터 정도다.

꽃은 흰색으로 핀다.

잎자루
꽃자루
꽃자루는 잎자루에 거의 붙어 있다.
암술은 수술보다 길다.
꽃부리는
길이 3~5밀리미터 정도다.
잎 끝은 꼬리처럼 길게 뾰족하다.
잎은 길이 6~12센티미터,
폭 3~5센티미터 정도다.
톱니는 잎 전체에 있다.
잎은 마주 달리며 꼬리처럼 길게
뾰족한 달걀꼴이다.
작은모임꽃차례
어린 가지는 둥글며,
별모양 털이 있으나
점차 없어진다.
높이 1~2미터 정도 자라는
갈잎떨기나무다.

좀작살나무

Callicarpa dichotoma

—

작살나무*C. japonica*에 비해 어린가지는 4각이 진다. 잎 가장자리 톱니는 중앙 이상에만 있다. 꽃자루는 잎자루에서 4밀리미터가량 떨어져 붙어있다. 꽃부리는 길이 2밀리미터 정도로 짧은 편이다. 암술은 수술과 길이가 비슷하다.

작은모임꽃차례는 길이 10~15밀리미터 정도며, 7월 연한 보라색 꽃이 핀다.

잎 표면에 짧은 털이 있고 뒷면에는 샘점이 있다.

열매는 10월 보라색으로 익는다.

굳은씨열매는 지름 3~4밀리미터 정도다.

씨앗은 길이 2밀리미터 정도다.

꽃자루
잎자루
꽃자루는 잎자루에서
4밀리미터 가량 떨어져 붙어 있다.
암술은 수술과
길이가 비슷하다.
꽃부리의 길이가
짧은 편이다.
꽃부리의 길이
작살나무: 3~5밀리미터
좀작살나무: 2밀리미터
잎 가장자리 톱니는 중앙 위쪽에만 있다.
톱니는 중앙
위쪽에만 있다.
잎은 길이 3~9센티미터,
폭 2~4센티미터 정도다.
잎은 마주 달리며
바소꼴~거꿀달걀꼴이다.
작은모임꽃차례
어린 가지는 4각이 지며,
별모양 털이 있으나 점차 없어진다.
높이 1~2미터 정도 자라는
갈잎떨기나무다.

흰좀작살나무

Callicarpa dichotoma f. albifructa

—

좀작살나무*C. dichotoma*에 비해 꽃과 열매가 흰색이다.

꽃자루
잎자루
꽃자루는 잎자루에서
4밀리미터 정도
떨어져 붙어 있다.
암술
암술과 수술은 길이가 비슷하다.
꽃부리는
길이 2밀리미터
정도다.
톱니는 중앙 위쪽에만 있다.
잎은 길이 3~9센티미터,
폭 2~4센티미터 정도다.
잎은 마주 달리며
바소꼴~거꿀달걀꼴이다.
작은모임꽃차례는
잎겨드랑이에 달린다.
어린 가지는 4각이 지며,
별모양 털이 있으나 점차 없어진다.
높이 1~2미터 정도 자라는
갈잎떨기나무다.

새비나무

[털작살나무]

Callicarpa mollis

—

작살나무*C. japonica*에 비해 식물 전체에 별모양 털이 촘촘히 많다. 꽃부리는 길이 4~5밀리미터 정도다. 꽃자루는 잎자루에 거의 붙어있다.

꽃자루는 잎자루에
거의 붙어 있다.
꽃자루
잎자루
꽃부리는 길이 4~5밀리미터 정도다.
암술
꽃받침
암술대
잎자루는 길이 5~10밀리미터 정도며
별모양 털이 촘촘히 많다.
잎은 길이 5~9센티미터,
폭 2~4센티미터 정도다.
톱니는 잎 전체에 있다.
잎은 마주 달리며 길둥근 모양의
바소꼴~길둥근꼴이다.
암술은 수술보다
길이가 길다.
어린 가지에 별모양
털이 촘촘히 많다.
높이 1~2미터 정도 자라는
갈잎떨기나무다.

560
마편초과

누리장나무

[구린내나무, 구릿대나무]

Clerodendrum trichotomum

—

어린 가지에 털이 없다. 잎은 마주 달리며 넓은 달걀꼴이고, 뾰족끝이며 뾰족꼴 밑 또는 편평한 밑截底이다. 잎 양면에 털이 있다. 작은모임꽃차례는 너비 20센티미터 정도다. 굳은씨열매는 붉은색의 꽃받침이 남아 있으며 열매는 청색으로 10월에 익는다.

작은모임꽃차례는 너비 20센티미터 정도다.

잎 양면에 털이 있다.

굳은씨열매에는 붉은색의 영구꽃받침이 남아 있으며, 열매는 청색으로 10월에 익는다.

열매는 지름 6~8밀리미터 정도다.

열매 속에 씨앗이 3개씩 들어 있다.

암술은 1개
수술은 4개다.
꽃부리는 지름 3센티미터 정도며
꽃부리 갈래조각은 5개다.
포엽
꽃받침
뾰족꼴밑
편평한 밑
잎은 마주 달리며
넓은 달걀꼴이다.
잎은 뾰족끝이며 뾰족꼴밑
또는 편평한 밑이다.
잎은 길이 8~20센티미터,
폭 5~13센티미터 정도다.
덜 익은 열매
어린 가지에 털이 없다.
높이 2~3미터 정도 자라는
갈잎떨기나무다.

털누리장나무

[털개나무, 비로도누리장나무]

Clerodendrum trichotomum* var. *ferrugineum

—

누리장나무*C. trichotomum*에 비해 어린 가지에 갈색 털이 빽빽하게 많다. 잎 뒷면에 털이 촘촘히 많다. 잎은 마주 달리며 넓은 달걀꼴이고 뾰족끝이며 뾰족꼴밑 또는 편평한 밑이다.

작은모임꽃차례는 너비 24센티미터 정도며 7월 흰색의 쌍성꽃 핀다.

잎 표면에 약간의 털이 있고 잎 뒷면에 털이 촘촘히 많다.

열매는 붉은색의 영구꽃받침이 남아 있으며, 청색으로 10월에 익는다.

굳은씨열매는 지름 6~8밀리미터 정도다.

씨앗에 그물맥網狀脈이 있다.

암술은 1개, 수술은 4개다.
꽃부리는 지름 3센티미터 정도며
꽃부리 갈래조각은 5개다.
꽃받침
포엽
편평한 밑
잎은 뾰족끝이며
뾰족꼴밑 또는 편평한 밑이다.
잎은 길이 8~20센티미터,
폭 5~13센티미터 정도다.
잎은 마주 달리며
넓은 달걀꼴이고 뾰족끝이며
뾰족꼴밑 또는 편평한 밑이다.
잎 끝은 길게 뾰족하다.
어린 가지에 갈색 털이 빽빽하게 많다.
높이 2~3미터 정도 자라는
갈잎떨기나무다.

섬누리장나무

[거문누리장나무, 좀누리장나무]

Clerodendrum trichotomum var. esculentum

—

누리장나무*C. trichotomum*에 비해 어린 가지에 털이 있으나 털누리장나무만큼 빽빽하게 많지는 않다. 잎 뒷면 맥 위에 털이 있다. 잎 밑은 염통꼴밑心臟底이다.

작은모임꽃차례는 너비 24센티미터 정도며 7월 흰색의 쌍성꽃이 핀다.

잎 표면에 약간의 털이 있고 뒷면 맥 위에 털이 있다.

굳은씨열매는 붉은색의 꽃받침이 남아 있다.

열매는 지름 6~8밀리미터 정도다.

잎 밑의 비교

암술은 1개, 수술은 4개다.
꽃부리는 지름 3센티미터 정도며,
꽃부리 갈래조각은 5개다.
포엽
염통꼴밑
잎은 길이 8~20센티미터,
폭 5~13센티미터 정도다.
잎은 마주 달리며, 넓은 달걀꼴이고
뾰족끝이며 염통꼴밑이다.
꽃차례의 너비가 넓은 편이다.
어린 가지에 털이 있으나
털누리장나무만큼 빽빽하게 많지는 않다.
높이 2~3미터 정도 자라는
갈잎떨기나무다.

원뿔꽃차례는
길이 10~20센티미터 정도다.

잎 양면에 털이 거의 없다.

목형

[목향, 애기순비기나무, 모형牡荊]

Vitex negundo var. cannabifolia

—

좀목형*V. negundo var. incisa*과 비슷하지만 잎 가장자리는 톱니가 없다. 잎은 보통 3출겹잎이고, 가끔 작은잎이 5개인 손바닥모양 겹잎이 나타나기도 한다.

굳은씨열매는
지름 3~5밀리미터 정도다.

열매는 9월 흑갈색으로 익는다.

씨앗은 공모양이다.

7월 자주색의
쌍성꽃이 모여 핀다.

수술은 4개이며 둘긴수술이다.

꽃부리 꽃목喉部에
융털이 있다.

가끔 작은 잎이 5개인
손바닥모양 겹잎이 나타나기도 한다.

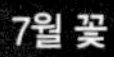

작은 잎은 길이 2~8센티미터 정도며
잎 가장자리는 톱니가 없다.

잎은 마주 달리며 보통 작은 잎이
3개인 3출겹잎이다.

7월 꽃

어린 가지는 4각이 지며
짧은 털이 촘촘히 많다.

높이 2~3미터 정도 자라는
갈잎떨기나무다.

원뿔꽃차례는
길이 10~20센티미터 정도다.

좀목형

[풀목향, 좀순비기나무]

Vitex negundo var. incisa

—

잎은 마주 달리며 작은 잎이 보통 5개로 구성된 손바닥모양 겹잎이다. 잎 가장자리에 큰 톱니는 결각상을 이룬다. 수술은 4개이며 둘긴수술이다. 굳은씨열매는 지름 2~4밀리미터 정도고 9월 흑갈색으로 익는다.

잎 양면에 털이 없다.

굳은씨열매는
지름 2~4밀리미터 정도다.

열매는 9월
흑갈색으로 익는다.

씨앗은 공모양이다.

7월 자주색의 쌍성꽃이 모여 핀다.
4개의 수술 중 2개가 길고,
2개의 수술이 짧은 둘긴수술이다.
꽃받침
잎 가장자리에 큰 톱니는
결각 모양이다.
작은 잎은 길이 2~8센티미터 정도다.
잎은 마주 달리며,
작은 잎이 보통 5개로 구성된
손바닥모양 겹잎이다.
꽃부리 꽃목에 융털이 있다.
어린 가지는 4각이 지며
털이 없다.
높이 1~2미터 정도 자라는
갈잎떨기나무다.

565
마편초과

순비기나무

[만형자, 풍나무, 만형자나무, 만형]

Vitex rotundifolia
[Beach Vitex]

—

바닷가 모래땅에서 자라고 가지는 비스듬히 위로 자란다. 잎 표면에 잔털이 촘촘히 많으며 뒷면은 은백색이고 가장자리에 톱니가 없으며 가죽질이다. 꽃은 7~9월에 벽자색으로 핀다.

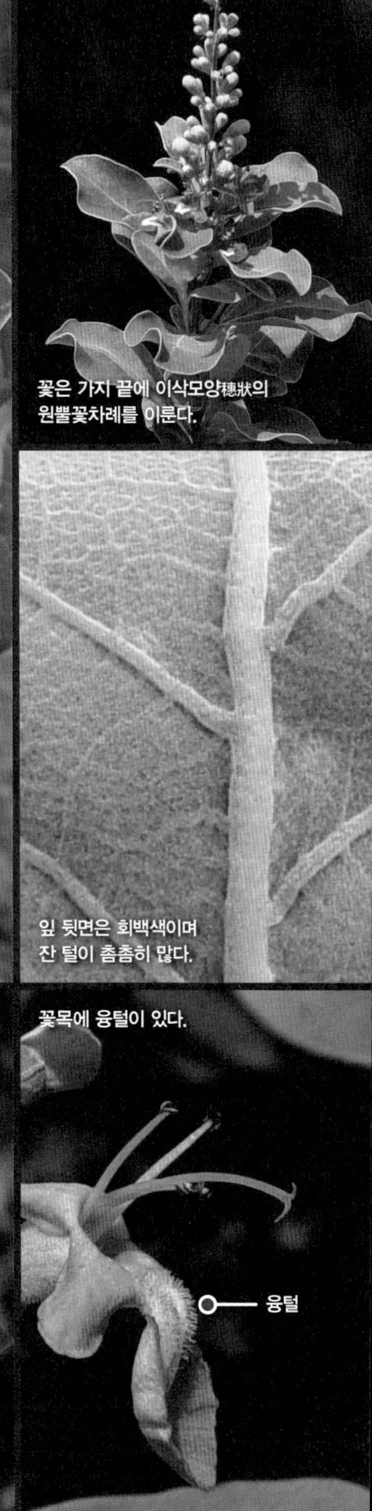

꽃은 가지 끝에 이삭모양穗狀의 원뿔꽃차례를 이룬다.

잎 뒷면은 회백색이며 잔 털이 촘촘히 많다.

굳은씨열매는 지름 5~7밀리미터 정도며, 나무처럼 단단하다.

열매는 9~10월에 흑자색으로 익는다.

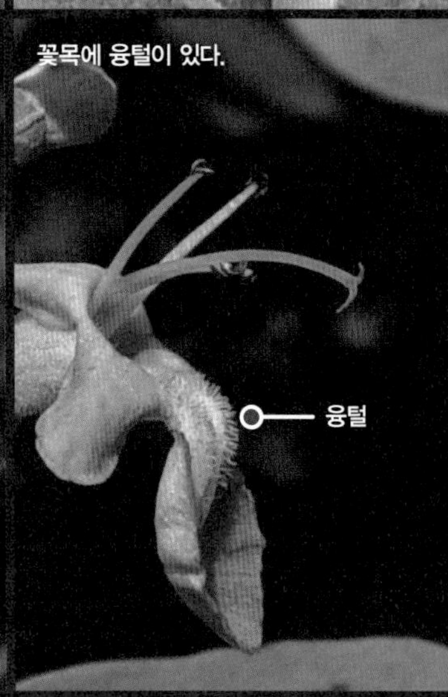

꽃목에 융털이 있다.

꽃부리는
길이 2센티미터 정도다.
수술
암술
꽃자루는 길이 4~7센티미터 정도다.
4개의 수술 중 2개는 길고,
2개는 짧은 둘긴수술이다.
잎자루
잎자루는 길이 5~7밀리미터 정도며
잔 털이 촘촘히 많다.
잎은 길이 6~15센티미터 정도다.
잎은 마주 달리며 두껍다.
가지는 비스듬히 위로 자란다.
가지는 4각이 지며 흰색 털이 촘촘히 많다.
높이 20~80센티미터 정도 자라는
갈잎떨기나무다.

566
마편초과

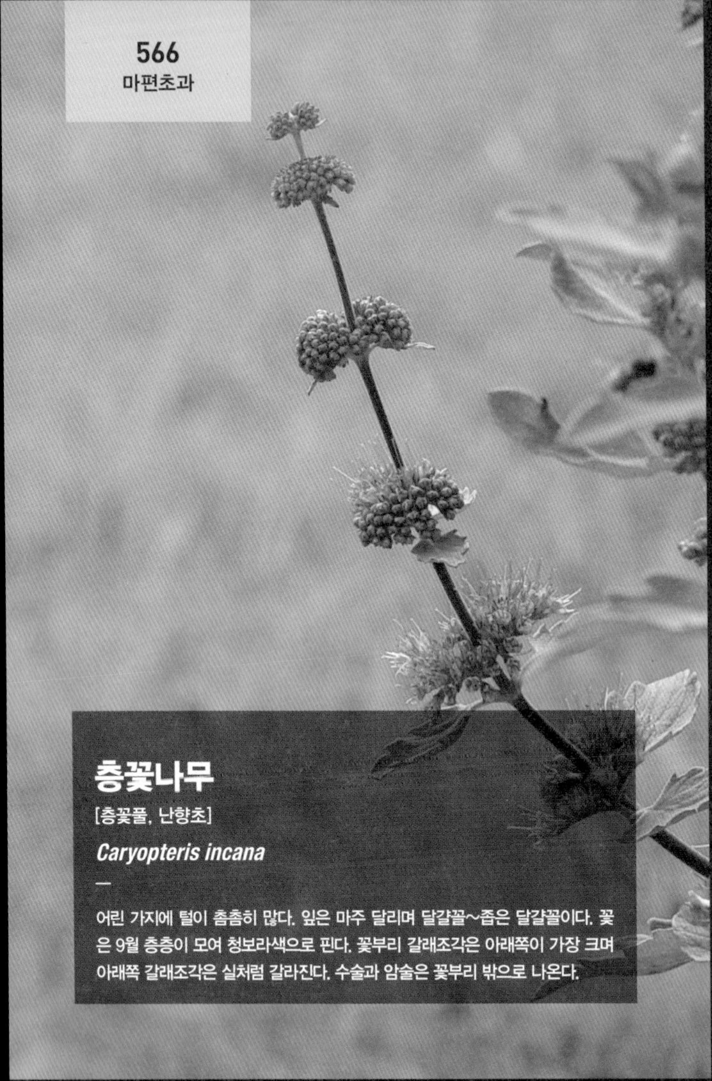

층꽃나무

[층꽃풀, 난향초]

Caryopteris incana

—

어린 가지에 털이 촘촘히 많다. 잎은 마주 달리며 달걀꼴~좁은 달걀꼴이다. 꽃은 9월 층층이 모여 청보라색으로 핀다. 꽃부리 갈래조각은 아래쪽이 가장 크며 아래쪽 갈래조각은 실처럼 갈라진다. 수술과 암술은 꽃부리 밖으로 나온다.

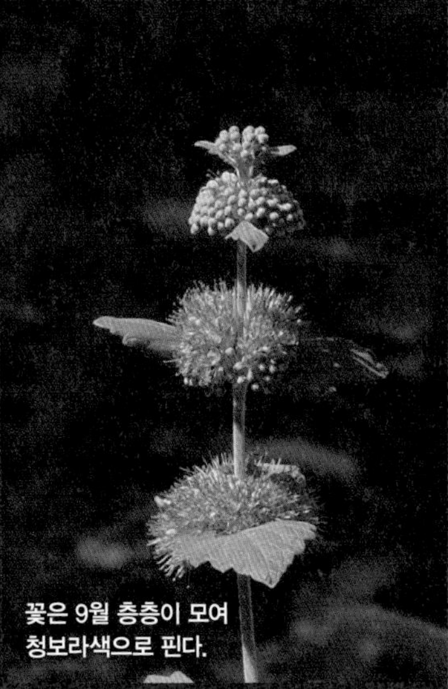

꽃은 9월 층층이 모여 청보라색으로 핀다.

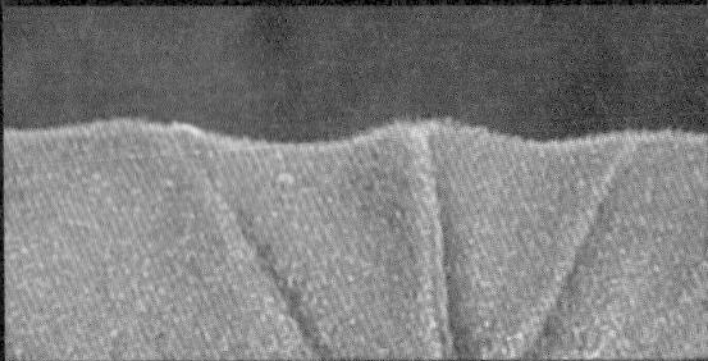

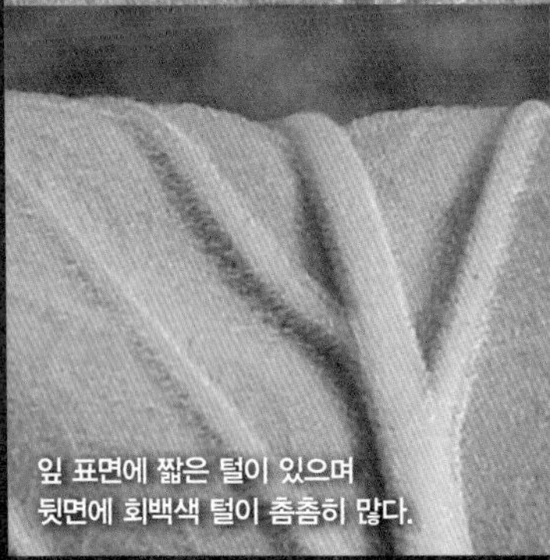

잎 표면에 짧은 털이 있으며 뒷면에 회백색 털이 촘촘히 많다.

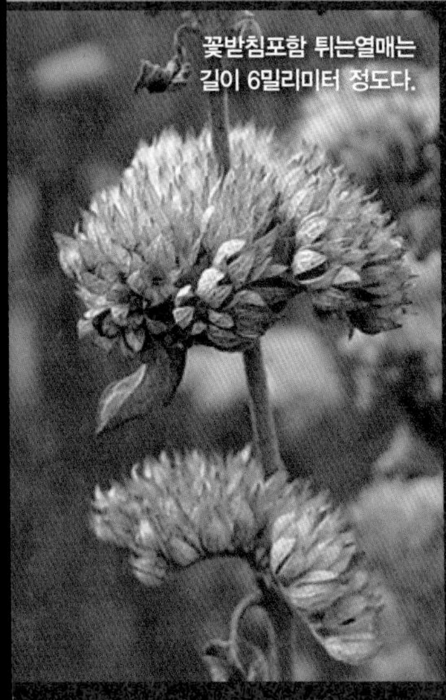

꽃받침포함 튀는열매는 길이 6밀리미터 정도다.

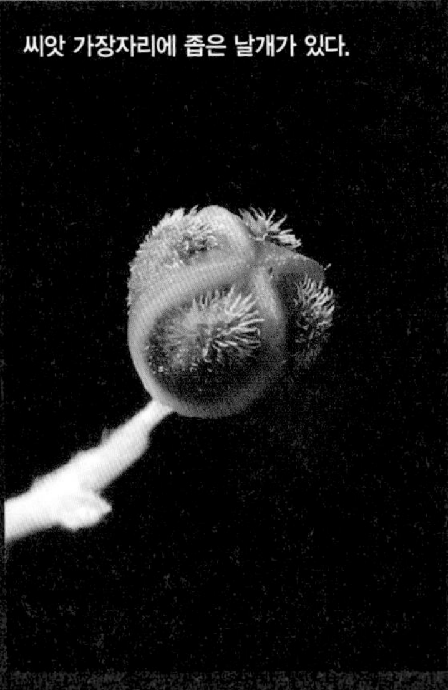

씨앗 가장자리에 좁은 날개가 있다.

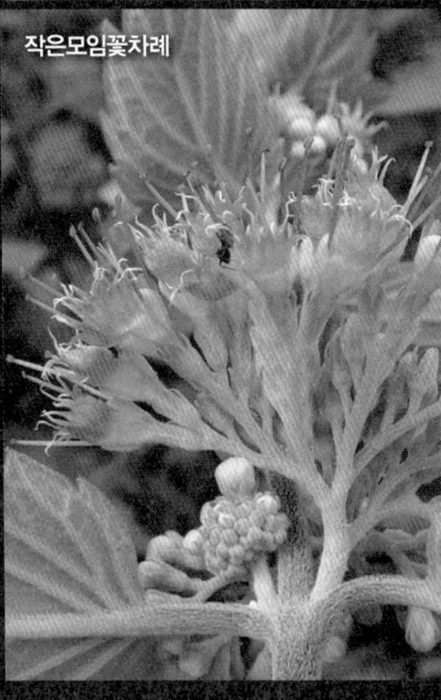

작은모임꽃차례

꽃부리는 길이 5~6밀리미터 정도다.
실처럼
갈라진다.
꽃부리 갈래조각은 아래쪽이 가장 크며,
아래쪽 갈래조각은 실처럼 갈라진다.
암술
암술은 1개이며
암술머리는 둘로 갈라진다.
잎자루는 길이
5~20밀리미터 정도다.
잎은 길이 2~5센티미터,
폭 2~3센티미터 정도다.
잎은 마주 달리며 달걀꼴
~좁은 달걀꼴이다.
꽃은 층층으로 달린다.
어린 가지에는 털이 촘촘히 많다.
높이 30~60센티미터 정도 자라는
갈잎버금떨기나무다.

댕강나무

[맹산댕강나무]

Zabelia tyaihyonii

—

줄댕강나무*A. tyaihyoni*에 비해 가지에 홈이 뚜렷하지 않다. 꽃은 2~3개씩 모여 달린다. 꽃부리는 길이 15밀리미터 내외로 줄댕강나무보다 길다. 꽃받침조각의 길이가 8~11밀리미터 정도로 줄댕강나무보다 길다. 열매의 영구꽃받침은 5개다.

꽃은 2~3개씩 모여 달린다.

모여 피는 꽃의 숫자
털댕강나무: 2개
댕강나무: 2~3개
줄댕강나무: 머리꽃차례

잎 양면에 약간의 털이 있다.

얇은열매 아래쪽에
꽃싸개가 남아 있다.

영구꽃받침의 숫자
댕강나무: 5개
줄댕강나무: 4~5개

수술은 둘긴수술이며
수술대에 털이 있다.

꽃부리의 길이
댕강나무: 15밀리미터 내외
줄댕강나무: 10밀리미터 내외
꽃부리 갈래조각은 5개다.
꽃받침조각의 길이
댕강나무: 8~11밀리미터
줄댕강나무: 4~6밀리미터
잎자루에 털이 있다.
잎은 길이 3~7센티미터 정도다.
잎은 마주 달리며
양 끝이 뾰족하며 톱니가 없다.
어린 가지에
털이 있다.
줄기에 능선은 있으나
홈이 뚜렷하지 않다.
높이 1~2미터 정도 자라는
갈잎떨기나무다.

줄댕강나무

Abelia mosanensis

댕강나무*A. mosanensis*에 비해 줄기에 6줄의 홈이 뚜렷하다. 꽃은 새가지 끝에서 머리꽃차례를 이룬다. 꽃부리는 길이 10밀리미터 내외로 댕강나무보다 짧다. 꽃받침조각의 길이가 4~6밀리미터 정도로 댕강나무보다 짧다. 열매의 영구꽃받침은 4~5개다.

5월 연한 홍색~흰색 꽃이 머리꽃차례를 이룬다.

잎 양면에 약간의 털이 있다.

얇은열매 아래쪽에 꽃싸개가 남아 있다.

영구꽃받침의 길이가 짧은 편이다. 열매의 영구꽃받침은 4~5개다.

머리꽃차례

꽃부리는
길이 10밀리미터 내외이다.
꽃부리조각은
보통 4~5개 이다.
꽃받침조각이
짧은 편이다.
꽃받침조각의 길이
댕강나무: 8~11밀리미터
줄댕강나무: 4~6밀리미터
잎자루는 줄기를
완전히 감싸며 털이 있다.
잎은 길이 3~7센티미터 정도다.
잎은 마주 달리며
양 끝이 뾰족하며 톱니가 없다.
수술은 둘긴수술이며,
수술대에 털이 있다.
수술
암술
어린 가지에 털이 있다.
높이 1~2미터 정도 자라는
갈잎떨기나무다.
6줄의 홈이
뚜렷하다.

569
인동과

꽃댕강나무

Abelia x grandiflora

반늘푸른 잎이다. 원뿔꽃차례는 길이 2센티미터 정도고 6~11월 흰색 꽃이 핀다. 꽃부리는 길이 12~17밀리미터 정도고 꽃받침조각은 3~5개다.

6~11월 원뿔꽃차례에 흰색 꽃이 핀다.

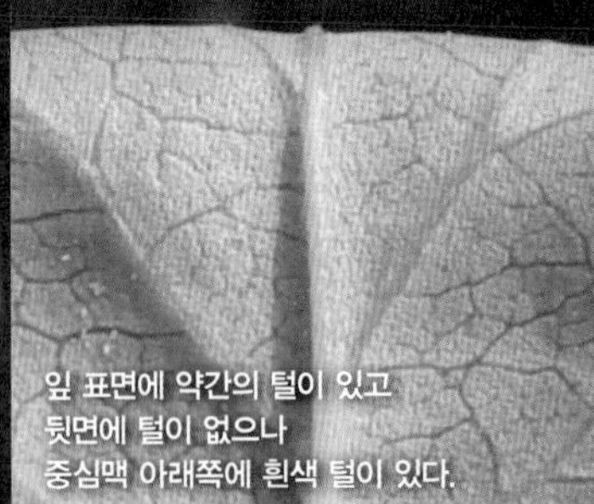

잎 표면에 약간의 털이 있고
뒷면에 털이 없으나
중심맥 아래쪽에 흰색 털이 있다.

얇은열매는
길이 2~3센티미터 정도다.

영구꽃받침은 3~5개다.

잎 뒷면 중심맥 아래쪽에
흰색 털이 있다.

꽃부리는 길이 12~17밀리미터 정도다.

꽃받침조각은 3~5개다.

암술은 1개, 수술은 4개이며
수술대에 털이 있다.

잎자루에 털이 없다.

잎은 길이 2~4센티미터,
폭 1~2센티미터 정도며 광택이 있다.

잎은 마주 달리며
뾰족한 달걀꼴이다.

11월 단풍

어린 가지에 털이 있다.

높이 1~2미터 정도 자라는
반늘푸른떨기나무다.

바위댕강나무

Zabelia integrifolia

—

털댕강나무*A. biflora*에 비해 잎 가에 톱니가 없고, 잎 표면에 털이 없거나 약간 있다. 짧은 작은 꽃자루가 있다. 영구꽃받침에 털이 없다. 4개의 영구꽃받침을 가진 얇은열매다.

꽃부리는
길이 8~12밀리미터 정도고,
암술은 1개, 수술은 4개다.

꽃대축이 있다.

꽃받침조각은 4개다.

잎자루 아래쪽은 줄기를 감싼다.

잎 가에 톱니가 없다.
잎은 길이 3~7센티미터 정도다.

잎은 마주 달리며 거꿀달걀꼴
~달걀같은 길둥근꼴이다.

꽃부리통부에 털이 있다.

어린 가지에
털이 없다.

높이 2~3미터 정도 자라는
갈잎떨기나무다.
줄기에 홈이 있다.

털댕강나무

Zabelia biflora

—

바위댕강나무*A. integrifolia*에 비해 잎 위쪽에 몇 개의 톱니가 있고, 잎 표면에 털이 많은 편이다. 꽃대축과 작은 꽃자루가 모두 있다. 꽃받침조각은 보통 4개다.

꽃부리는 길이 8~12밀리미터 정도고
암술은 1개, 수술은 4개다.
꽃대축과 작은 꽃자루가
모두 있다.
작은 꽃자루
꽃대축
꽃받침조각은 보통 4개다.
잎자루의 아래쪽은
줄기를 감싼다.
톱니
잎 위쪽에 몇 개의 톱니가 있다.
잎은 길이 3~7센티미터 정도다.
잎은 마주 달리며 양 끝이 뾰족하다.
꽃부리통부에 약간의 털이 있다.
통부
어린 가지에 털이 없으며
가지에 능선이 있다.
높이 2~3미터 정도 자라는
갈잎떨기나무다.
줄기에 홈이 뚜렷하다.
홈

섬댕강나무

Abelia coreana var. insularis

—

털댕강나무*A. biflora*에 비해 잎은 달걀꼴~넓은 달걀꼴이며 톱니가 깊고 많은 편이다. 잎 표면에 털이 전혀 없고 뒷면에도 털이 거의 없다. 꽃대축이 없고 작은 꽃자루만 있다. 꽃받침조각과 열매에 털이 없다.

꽃은 가지 끝 짧은 꽃대축에 두 개씩 달린다.

잎 표면에 털이 전혀 없고 뒷면에도 털이 거의 없다.

4~5개의 영구꽃받침조각을 가진 얇은열매이며 9월에 익는다.

열매에 털이 없다.

꽃자루 아래쪽에 꽃싸개가 없다.

꽃부리는 길이 5~7밀리미터 정도고
암술은 1개, 수술은 4개다.
작은 꽃자루
꽃대축이 아주 짧고,
작은 꽃자루가 2개 있다.
꽃받침조각은 4~5 개다.
잎자루 아래쪽은
줄기를 감싼다.
잎은 길이 3~5센티미터 정도다.
잎은 마주 달리며
달걀꼴~넓은 달걀꼴이다.
꽃부리는 통 모양이고
통부에 털이 없다.
어린 가지에 털이 없다.
높이 80센티미터 정도 자라는
갈잎떨기나무다.

좀댕강나무

Diabelia serrata

—

주걱댕강나무*A. spathulata*에 비해 잎은 길이 20~25밀리미터 정도며, 꽃부리는 길이 13~18밀리미터 정도로 잎과 꽃이 작은 편이다. 꽃받침조각은 보통 2개다.

5월 쌍성꽃은
보통 (1~)2개씩 달린다.

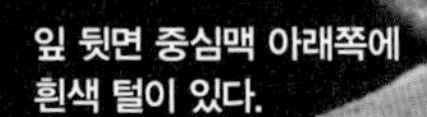

잎 뒷면 중심맥 아래쪽에
흰색 털이 있다.

보통 2개의 영구꽃받침조각을
가진 얇은열매다.

영구꽃받침조각
꽃싸개
얇은열매

열매는 9월에 익는다.

꽃받침조각은 보통 2개다.

꽃부리는 길이 13~18밀리미터 정도며,
꽃부리 안쪽에 주황색 무늬가 있다.
2개의 수술은 길고 2개는 짧은,
둘긴수술이다.
꽃받침조각
꽃받침조각은 보통 2(~3)개다.
잎자루에 털이 없다.
불규칙한
톱니
잎은 길이 20~25밀리미터 정도다.
잎은 마주 달리며
긴 달걀꼴이다.
잎은 마주 달린다.
어린 가지에 털이 없다.
높이 1~1.5미터 정도 자라는
갈잎떨기나무다.

5월 쌍성꽃은 (1~)2개씩 달린다.

주걱댕강나무

Diabelia spathulata

—

좀댕강나무*A serrata*에 비해 잎은 길이 2~6센티미터 정도, 꽃부리는 길이 2~3센티미터 정도로 잎과 꽃이 큰 편이다. 꽃받침조각은 보통 5개다.

잎 양면에 털이 있다.

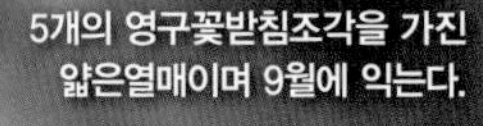

5개의 영구꽃받침조각을 가진 얇은열매이며 9월에 익는다.

열매는 길이 8~14밀리미터 정도다.

열매에 영구꽃받침조각의 숫자
주걱댕강나무: 5개
좀댕강나무: 2(~3)개

주황색 무늬
꽃부리는 길이 2~3센티미터 정도며,
꽃부리 안쪽에 주황색 무늬가 있다.
암술
긴 수술
짧은 수술
2개의 수술은 길고,
2개는 짧은 둘긴수술이다.
꽃받침
조각은 5개
꽃받침조각의 숫자
주걱댕강나무: 5개
좀댕강나무: 2개
잎자루에 털이 있다.
톱니
잎은 길이 2~6센티미터 정도며
잎 가에 불규칙한 톱니가 있다.
잎은 마주 달리며
길둥근꼴~달걀꼴이다.
꽃이 달리는 모습
어린 가지에 털이 있다.
높이 1~3미터 정도 자라는
갈잎떨기나무다.

575
인동과

인동덩굴

[금은화, 우단인동]

Lonicera japonica

—

줄기 길이 3~4미터 정도의 덩굴로 자란다. 잎은 마주 달리며 긴 길둥근꼴이다. 쌍성꽃은 5~6월 흰색으로 (1~)2개씩 핀다. 입술꽃부리 윗 입술上脣은 4갈래로 얕게 갈라진다. 열매는 공모양이며 지름 6~7밀리미터 정도다.

쌍성꽃은 5~6월
흰색으로 (1~)2개씩 핀다.

잎 양면에 털이 거의 없다.

물열매는 공모양이며
지름 6~7밀리미터 정도다.

열매는 10월 검은색으로 익는다.

씨앗은 길이 3밀리미터 정도고
능선이 있다.

입술꽃부리는
길이 3~4센티미터 정도다.

포엽은 길이 1~2센티미터 정도다.

잎자루는
길이 3~7밀리미터 정도며
털이 촘촘히 많다.

잎은 길이 3~7센티미터,
폭 1~4센티미터 정도다.

잎은 마주 달리며 긴 길둥근꼴이다.

입술꽃부리 윗 입술은 4갈래로
얕게 잘라진다.

어린 가지에 황갈색 털이 있다.
줄기는 오른 쪽으로 감아 올라간다.

줄기 길이 3~4미터 정도 자라는
반늘푸른덩굴나무半常綠蔓莖木다.

쌍성꽃은 5~6월
흰색으로 (1~)2개씩 핀다.

털인동

[섬인동]

Lonicera japonica var. repens

—

인동덩굴*L. japonica*에 비해 잎 표면 맥 위에 갈색 털이 있고 뒷면에 갈색 털이 촘촘히 많다.

잎 표면 맥 위에 갈색 털이 있고
뒷면에 갈색 털이 촘촘히 많다.

물열매는 공모양이며
지름 6~7밀리미터 정도다.

열매는 10월 검은색으로 익는다.

꽃은 보통 2개씩 달린다.

꽃부리는 길이 3~4센티미터 정도다.

입술꽃부리의 윗 입술은
4갈래로 얕게 갈라진다.

포엽은
길이 1~2센티미터 정도다.

잎자루는 길이 5밀리미터 정도며 털이 있다.

잎은 길이 3~7센티미터,
폭 1~4센티미터 정도다.

잎은 마주 달리며
달걀같은 길둥근꼴이다.

잎은 마주 달린다.

어린 줄기에
황갈색 털이 촘촘히 많다.

줄기 길이 3~4미터 정도 자라는
반늘푸른덩굴나무다.

붉은인동

Lonicera x heckrottii

—

꽃부리는 길이 5센티미터 정도다. 꽃부리 바깥쪽은 주홍색, 안쪽은 흰색~노란색이다. 입술꽃부리의 윗 입술은 4갈래로 얕게 갈라지고 아래 입술은 줄꼴이다. 열매는 지름 6~7밀리미터 정도며 9월 붉은색으로 익는다.

꽃은 5~8월 돌려 달리는 이삭꽃차례를 이룬다.

잎 양면에 털이 없다.

물열매는 지름 6~7밀리미터 정도다.

열매는 9월 붉은색으로 익는다.

이삭꽃차례

꽃부리는 길이 5센티미터 정도다.
입술꽃부리의
윗 입술은 4갈래로 얕게 갈라지고,
아래 입술은 줄꼴이다.
수술은 5개, 암술은 1개다.
잎자루는 털이 없고
위로 갈수록 짧아진다.
잎은 길이 3~8센티미터 정도다.
잎은 마주 달리며
달걀꼴~길둥근꼴이다.
줄기 위쪽에 마주 달리는 잎은
아래쪽이 서로 붙어 있다.
어린 줄기에 털이 없다.
줄기 길이 3~6미터 정도 자라는
늘푸른덩굴나무다.

5~6월 흰색의 쌍성꽃은
잎겨드랑이에 2개씩 달린다.

괴불나무

[절초나무, 아귀꽃나무]

Lonicera maackii

—

잎은 마주 달리며, 달걀같은 길둥근꼴~달걀같은 바소꼴이다. 5~6월 흰색의 쌍성꽃은 2개씩 달린다. 꽃자루는 길이 2~4밀리미터 정도로 잎자루보다 짧다. 꽃부리는 길이 2센티미터 정도다. 열매는 서로 떨어져 있으며 지름 5~6밀리미터 정도다.

잎 양면 맥 위에
약간의 털이 있거나 없다.

열매는 9월 붉은색으로 익는다.

물열매는 서로 떨어져 있으며
지름 5~6밀리미터 정도다.

씨앗은 노란색이며 납작하다.

입술꽃부리는 길이 2센티미터 정도며, 윗 입술은 4갈래로 얕게 갈라진다.

꽃자루는 길이 2~4밀리미터 정도로 잎자루보다 짧다.

꽃받침은 길이 2~3밀리미터 정도며, 꽃받침조각에 털이 있다.

잎자루는 길이 3~10밀리미터 정도며 털이 있다.

잎은 길이 5~10센티미터, 폭 2~3센티미터 정도다.

잎은 마주 달리며 달걀같은 길둥근꼴~달걀같은 바소꼴이다.

수술은 5개, 암술은 1개다.

가지의 골속은 비어 있다. 어린 가지에 털이 있다.

높이 2~5미터 정도 자라는 갈잎떨기나무다.

섬괴불나무

[우단괴불나무]

Lonicera insularis

—

어린 가지에 털이 촘촘히 많다. 잎은 달걀꼴~길둥근꼴이고 둥근밑圓底, 뾰족끝이다. 꽃과 열매의 꽃싸개는 줄모양의 바소꼴이고 길이 4~6밀리미터 정도다. 꽃자루는 길이 10~15밀리미터 정도고 털이 있다. 열매는 서로 떨어져 있으며 지름 6~8밀리미터 정도다.

5월 쌍성꽃은
잎 겨드랑이에 2개씩 달린다.

잎 표면의 털은
점차 맥 위에만 남게 되고
뒷면에는 융털이 많다.

물열매는 서로 떨어져 있으며
지름 6~8밀리미터 정도다.

꽃싸개는 줄모양의 바소꼴

열매는 6월 붉은색으로 익는다.

씨앗은 납작하며 능선이 있다.

입술꽃부리는
길이 20~25밀리미터 정도다.
꽃은 흰색이지만 점차 노란색으로 변한다.
작은꽃싸개
꽃싸개는
줄모양의
바소꼴
꽃싸개의 길이
섬괴불나무: 4~6밀리미터
구슬댕댕이: 10~20밀리미터
잎자루의 길이
섬괴불나무: 3~5밀리미터
괴불나무: 3~10밀리미터
잎자루에 융털이 있다.
잎은 길이 4~8센티미터 정도며
뾰족끝, 둥근밑이다.
잎은 마주 달리며
달걀꼴~길둥근꼴이다.
꽃자루는 길이 10~15밀리미터
정도고 털이 있다.
꽃자루
어린 가지에
털이 촘촘히 많다.
높이 5~7미터 정도 자라는
갈잎떨기나무다.

구슬댕댕이

[단간목]

Lonicera vesicaria

—

어린 가지에 굳센 털이 촘촘히 많다. 잎은 달걀꼴이고 둥근밑, 뾰족끝이며 꽃자루는 길이 3~4밀리미터 정도고 털이 있다. 열매 두 개는 반쯤 붙어있고 지름 10밀리미터 정도다. 열매의 작은꽃싸개는 합쳐져서 주머니처럼 열매를 둘러싸고 있다

5월 쌍성꽃은 잎 겨드랑이에 2개씩 달린다.

잎 양면에 거센 털이 있다.

열매가 익으면 작은꽃싸개는 갈라져 벌어진다.

물열매 두 개는 반쯤 붙어 있고 지름 10밀리미터 정도며 9월 붉은색으로 익는다.

씨앗은 길이 5밀리미터 정도다.

입술꽃부리는
길이 15~20밀리미터 정도다.
꽃자루
꽃자루는 길이 3~4밀리미터
정도고 털이 있다.
작은꽃싸개
꽃싸개는
길이 1~2센티미터,
뾰족끝이다.
작은꽃싸개는 합쳐져서
열매를 완전히 둘러싼다.
잎자루는
길이 5~10밀리미터
정도고 털이 있다.
잎은 길이 3~10센티미터,
폭 4~6센티미터 정도다.
잎은 마주 달리며 달걀꼴이고,
뾰족끝 둥근밑이다.
입술꽃부리의
윗 입술은 얕게 갈라진다.
어린 가지에 굳센 털이 촘촘히 많다.
높이 2~3미터 정도 자라는
갈잎떨기나무다.

올괴불나무

[올아귀꽃나무]

Lonicera praeflorens

—

어린 가지에 털은 점차 없어지고 검은색 얼룩점이 있다. 잎 양면에 털이 촘촘히 많다. 꽃은 잎보다 먼저 2개씩 핀다. 꽃자루는 길이 2~3밀리미터 정도고 털이 있다. 열매는 서로 떨어져 있으며 지름 6~8밀리미터 정도다.

꽃은 잎보다 먼저 3월에 2개씩 핀다.

잎 양면에 털이 많다.

물열매는 서로 떨어져 있으며
지름 6~8밀리미터 정도다.

씨앗은 길이 4밀리미터 정도다.

꽃부리는 윗입술과 아랫입술의
구별이 뚜렷하지 않고,
위아래 입술 모두 깊이 갈라진다.

입술꽃부리는 길이 10밀리미터 정도다.

수술은 5개, 암술은 1개다.

꽃자루는 길이 2~3밀리미터 정도고 털이 있다.

잎자루는 길이 3~5밀리미터 정도다.

잎은 길이 3~7센티미터 정도다.

잎은 마주 달리며 달걀꼴~길둥근꼴이고 뾰족끝 둥근밑이다.

어린 가지에 털은 점차 없어지고 검은색 얼룩점이 있다.

높이 1~2미터 정도 자라는 갈잎떨기나무다.

길마가지나무

[길마기나무]

Lonicera harae

—

숫명다래나무*L. coreana*와 비슷하지만 어린 가지에는 굳센 털이 있다. 꼭대기 눈頂芽은 자라 긴 가지가 된다. 잎 양면 맥 위에 털이 있지만 잎맥 사이에는 털이 없다. 잎자루에 털이 있지만, 샘점이 없으며 두 개의 열매는 아래쪽이 절반 이상 서로 대부분 붙어있다.

3월 쌍성꽃은
잎 겨드랑이에 2개씩 달린다.

잎맥 사이에는 털이 없다.

잎 뒷면 맥 위에 털이 있지만
잎맥 사이에는 털이 없다.

물열매는
길이 10밀리미터 정도고,
5월 붉은색으로 익는다.

<u>열매가 합쳐지는 모습</u>
왕괴불나무: 중앙정도
길마가지나무: 중앙 이상
숫명다래나무: 중앙 이상

두 개의 열매는 아래쪽이 절반 이상
서로 대부분 붙어있다.

잎 표면 맥 위에 털이 있지만
잎맥 사이에는 털이 없다.

꽃싸개
꽃자루는 길이 3~12밀리미터 정도고
털과 샘점이 없다.
입술꽃부리는
길이 10~13밀리미터 정도다.
꽃싸개는 기다란 바소꼴이다.
잎 가에 털緣毛
잎자루에 털이 있지만
샘점은 없다.
잎은 길이 3~8센티미터,
폭 2~4센티미터 정도다.
잎은 마주 달리며
달걀꼴이고 뾰족끝이다.
꼭대기 눈頂芽은 자라
긴 가지가 된다.
어린 가지에 굳센 털이 있지만
샘점은 없다.
높이 2~3미터 정도 자라는
갈잎떨기나무다.

숫명다래나무

Lonicera coreana

—

길마가지*L. harai* 와 비슷하지만 어린 가지에 털이 거의 없다. 꼭대기 눈은 자라지 못하고 죽게 된다. 잎 표면에 털이 없고 뒷면 중심맥 위에만 털이 있다. 잎자루에 샘점이 있다. 꽃자루는 길이 8~13밀리미터 정도고 털과 샘점이 없다. 두 개의 열매는 아래쪽이 절반 이상 붙어있다.

3월 쌍성꽃은
잎 겨드랑이에 2개씩 달린다.

잎 표면에 털이 없고
뒷면 맥 위에 털이 있다.

물열매는
길이 10밀리미터 정도고,
5월 붉은색으로 익는다.

열매가 합쳐지는 모습
왕괴불나무: 중앙 정도
길마가지나무: 중앙 이상
숫명다래나무: 중앙 이상

두 개의 열매는
아래쪽이 절반 이상 붙어있다.

잎 표면에 털이 없다.

입술꽃부리는
길이 10밀리미터 정도다.
꽃자루
꽃자루는 길이 8~13밀리미터 정도고
털이 없다.
꽃싸개
꽃싸개는 바소꼴~줄꼴이다.
잎 가에 털
샘점
잎자루에 털과 샘점이 있다.
잎은 길이 3~6센티미터 정도다.
잎은 마주 달리며
달걀같은 길둥근꼴이며
뾰족끝이다.
꼭대기 눈은
자라지 못하고 죽게 된다.
죽은
꼭대기 눈
어린 가지에
털이 거의 없다.
높이 2~3미터 정도 자라는
갈잎떨기나무다.

청괴불나무

[푸른괴불나무]

Lonicera subsessilis

—

왕괴불나무*L. vidalii*와 비슷하지만 어린 가지에 털이 전혀 없다. 꼭대기 눈은 발달하여 긴 가지로 된다. 잎 표면에 털이 거의 없고, 뒷면에는 털이 전혀 없다. 꽃자루는 길이 4~5밀리미터 정도고 털과 샘점이 없다. 두 개의 열매는 위쪽까지 서로 대부분 붙어있다. 열매는 길이 6~8밀리미터 정도다.

5월 쌍성꽃은 잎 겨드랑이에 2개씩 위를 향해 달린다.

잎 표면에 털이 거의 없고 뒷면에는 털이 전혀 없다.

물열매는 길이 6~8밀리미터 정도고 8월 붉은색으로 익는다.

두 개의 열매는 위쪽까지 서로 대부분 붙어있다.

씨앗은 황갈색이며 길둥근꼴이다.

입술꽃부리는
길이 10~15밀리미터 정도다.
꽃자루
꽃자루는 길이 4~5밀리미터 정도고
털이 없다.
꽃싸개
잎자루와 잎 가에
털이 없다.
잎은 길이 3~6센티미터 정도다.
잎은 마주 달리며 달걀꼴이고
잎 끝은 뾰족하다.
꽃은 흰색이지만
점차 노란색으로 변한다.
어린 가지에
털이 전혀 없다.
높이 1~2미터 정도 자라는
갈잎떨기나무다.

585
인동과

분홍괴불나무

Lonicera tatarica

—

어린 가지에 털이 있으나 점차 없어지며 4각이 진다. 잎 표면에 약간의 털이 있고, 뒷면에 짧은 털이 촘촘히 많다. 꽃자루는 길이 10~20밀리미터 정도다. 꽃부리는 분홍색이며 길이 15밀리미터 정도다. 열매는 지름 5~6밀리미터 정도고 6월 붉은색으로 익는다. 두 개의 열매는 서로 떨어져 있다.

4월 쌍성꽃이 2개씩 달린다.

잎 표면에 약간의 털이 있고
뒷면에 짧은 털이 촘촘히 많다.

물열매는
지름 5~6밀리미터 정도고
6월 붉은색으로 익는다.

두 개의 열매는 서로 떨어져 있다.

6월 열매

입술꽃부리는 분홍색이며
길이 15밀리미터 정도다.
꽃자루
꽃자루는 길이 10~20밀리미터 정도다.
꽃싸개
작은꽃싸개
작은꽃싸개는 서로
떨어져 있다.
잎 가에 털
잎자루는
길이 2~5밀리미터 정도며
털이 있다.
잎은 길이 2~5센티미터,
폭 1~2센티미터 정도다.
잎은 마주 달리며
길둥근꼴이다.
입술꽃부리의
윗 입술은 중간정도 갈라진다.
윗 입술
옆조각側裂片
아래 입술
어린 가지는 4각이 지며
털이 있으나 점차 없어진다.
높이 2~3미터 정도 자라는
갈잎떨기나무다.

흰괴불나무

[은털괴불나무]

Lonicera tatarinowii

—

어린 가지는 4각이 지며 털이 있으나 점차 없어진다. 잎 표면에 털이 없고, 뒷면은 짧은 흰색 털이 촘촘히 많아서 회백색으로 보인다. 가느다란 꽃자루는 길이 20~25밀리미터 정도다. 꽃부리는 흑적색이며 길이 10밀리미터 정도다. 열매는 지름 6~8밀리미터 정도고 7~8월 붉은색으로 익는다. 두 개의 열매는 위쪽까지 서로 완전히 붙어合生있다.

5월 쌍성꽃이
2개씩 잎 겨드랑이에 달린다.

잎 표면에 털이 없고
뒷면에 짧은 흰색 털이 촘촘히 많다.

물열매는
지름 6~8밀리미터 정도고
7~8월 붉은색으로 익는다.

두 개의 열매는 위쪽까지
서로 완전히 붙어合生있다.

꽃부리통부는 꽃부리조각보다 짧다.

입술꽃부리는
흑적색이며 길이 10밀리미터 정도다.
꽃자루
가느다란 꽃자루는
길이 20~25밀리미터 정도다.
꽃싸개는 줄꼴이며
작은꽃싸개는 서로 붙어있다.
꽃싸개
작은꽃싸개
잎 가에 톱니가 없다.
잎은 길이 3~7센티미터 정도고
잎 뒷면은 회백색이다.
잎은 마주 달리며
달걀같은 바소꼴이다.
꽃은 잎 아랫쪽에 달린다.
어린 줄기는 4각이 지며
털이 있으나 점차 없어진다.
높이 1~2미터 정도 자라는
갈잎떨기나무다.

말오줌나무

[울릉말오줌때, 울릉딱총나무]

Sambucus racemosa subsp. pendula

—

덧나무*S. sieboldiana*와 비슷하지만 꽃차례는 아래로 처지며, 꽃차례의 크기가 크다. 암술머리는 황록색이다. 작은 잎은 길이 10~15센티미터 정도로 긴 편이다.

원뿔꽃차례는 밑으로 처지며 4월 황백색 꽃이 핀다.

잎 양면에 털이 없다.

열매는 6월 붉은색으로 익는다.

굳은씨열매는 지름 5~6밀리미터 정도다.

원뿔꽃차례

꽃부리는 지름 3~4밀리미터 정도다.
암술머리는 황록색이다.
암술머리
암술머리는 대부분 황록색이지만
가끔 붉은 색도 있다.
톱니는 안쪽으로
꼬부라진다.
잎 가에 톱니는
대부분 안쪽으로 꼬부라진다.
작은 잎은 길이 10~15센티미터,
폭 4~5센티미터 정도다.
잎은 마주 달리며
작은 잎이 5~7개인 깃꼴겹잎이다.
암술은 1개, 수술은 5개다.
어린 가지에 털이 없다.
높이 4~5미터 정도 자라는
갈잎떨기나무 또는 작은키나무다.
코르크가
발달한다.

지렁쿠나무

[개똥나무]

Sambucus racemosa subsp. kamtschatica

—

딱총나무에 비해 높이 5~6미터 정도로 키가 큰 편이다. 나무 껍질에 코르크가 발달한다. 잎 가에 톱니는 안으로 굽지 않는다. 잎 양면에 약간의 털이 있다. 원뿔꽃차례는 밑으로 드리운다. 암술머리는 자주색이다. 작은 잎이 5~9개인 깃꼴겹잎이다.

원뿔꽃차례는 밑으로 드리우고
5월 황록색 꽃이 핀다.

잎 양면에 약간의 털이 있다.

열매에 털이 없으며
7월 붉은색으로 익는다.

굳은씨열매는
지름 5~6밀리미터 정도다.

씨앗은 길이 3밀리미터 정도다.

꽃부리는 지름 5~7밀리미터 정도다.
암술머리
암술머리는 자주색이다.
암술머리
씨방
씨방에 털이 없다.
잎 가의 톱니는
안으로 굽지 않는다.
작은 잎은 길이 4~6센티미터,
폭 2~3센티미터 정도다.
잎은 마주 달리며
작은 잎이 5~9개인 깃꼴겹잎이다.
6월 열매
어린 가지에 털이 없고
가지에 껍질눈이 있다.
높이 5~6미터 정도로 키가 큰 편인
갈잎작은키나무다.
나무 껍질에
코르크가
깊게 발달한다.

덧나무

[일본딱총나무, 민들딱총]

Sambucus racemosa

—

나무 껍질은 코르크질이 발달하지 않고 불규칙하게 갈라진다. 잎은 마주 달리며 작은 잎이 5~9개인 깃꼴겹잎이다. 잎가에 톱니는 안으로 꼬부라지는 것이 많다. 잎 양면에 털이 없다. 꽃차례는 곧추선다. 꽃부리는 지름 3~4밀리미터 정도며 암술머리는 적자색이다.

원뿔꽃차례는 곧추서며 4월 황백색 꽃이 핀다.

잎 양면에 털이 없다.

열매는 6월 붉은색으로 익는다.

굳은씨열매는 지름 5~6밀리미터 정도다.

꽃이 피기 직전 모습

꽃부리는
지름 3~4밀리미터 정도다.

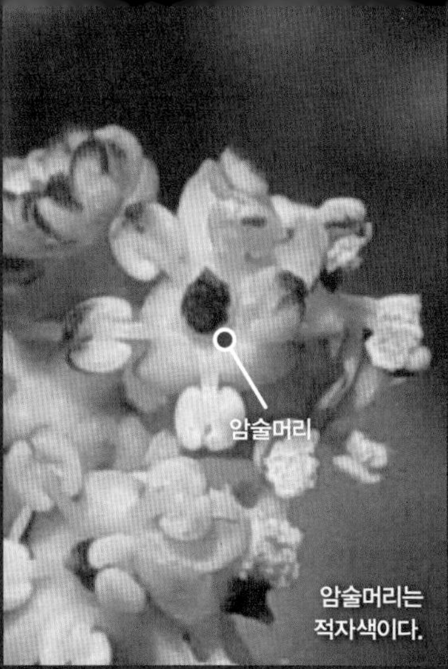

암술머리

암술머리는
적자색이다.

씨방에 털이 없다.

안쪽으로
꼬부라진 톱니.

잎 가에 톱니는
안으로 꼬부라지는 것이 많다.

작은 잎은 길이 7~10센티미터 정도다.

잎은 마주 달리며
작은 잎이 5~9개인 깃꼴겹잎이다.

암술은 1개 수술은 5개다.

어린 가지에
털이 없다.

높이 2~3미터 정도 자라는
갈잎떨기나무다.

딱총나무

Sambucus williamsii

—

나무 껍질에 코르크가 발달하지 않는다. 원뿔꽃차례는 곧추선다. 암술머리는 황록색이며 암술머리는 셋으로 갈라진다. 작은 잎이 5~7개인 깃꼴겹잎이다. 잎 양면에 털이 없고 잎 가에 톱니는 안으로 굽지 않는다.

원뿔꽃차례는
곧추서며 4월 황록색 꽃이 핀다.

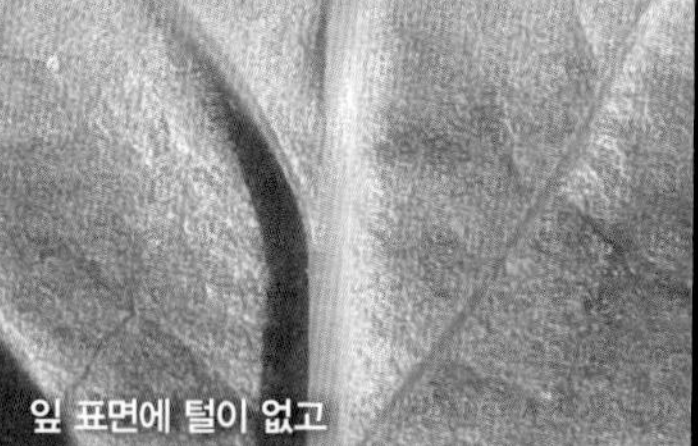

잎 표면에 털이 없고
뒷면 맥 위에 털이 있거나 없다.

열매는 7월 붉은색으로 익는다.

굳은씨열매는
지름 4~5밀리미터 정도다.

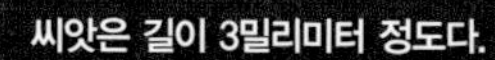

씨앗은 길이 3밀리미터 정도다.

꽃부리는
지름 5~7밀리미터 정도다.
꽃밥
수술대
암술머리
암술머리는 황록색이다.
암술머리
씨방
씨방에 털이 없다.
잎 가에 톱니는
안으로 굽지 않는다.
작은 잎은 길이 5~14센티미터,
폭 2~5센티미터 정도다.
잎은 마주 달리며
작은 잎이 5~7개인 깃꼴겹잎이다.
턱잎
잎자루 밑에 턱잎이 있다.
어린 가지에 털이 없고
가지에 껍질눈이 있다.
껍질눈
나무 껍질에
코르크가 발달하지 않는다.
높이 2~3미터 정도 자라는
갈잎떨기나무다.

591
인동과

원뿔꽃차례는 곧추서고
반공모양이며 4월 연한 녹색 꽃이 핀다.

넓은잎딱총나무

[너른잎땅총나무, 오른재나무]

Sambucus latipinna

—

딱총나무*S. williamsii var. coreana*에 비해 원뿔꽃차례는 곧추서며 반공모양이다. 암술머리는 자주색이다. 잎은 마주 달리며 작은 잎이 5개인 깃꼴겹잎이다. 작은 잎은 길이 5~10센티미터, 폭 2~5센티미터 정도다.

잎 양면에 털이 거의 없다.

열매는 6월 붉은색으로 익는다.

굳은씨열매는
지름 4~5밀리미터 정도다.

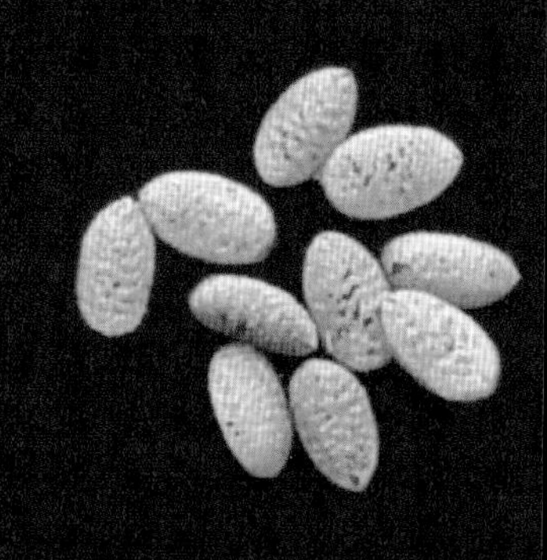
씨앗은 길이 3밀리미터 정도다.

꽃부리는 지름 5~7밀리미터 정도다.
암술머리는 자주색이다.
꽃부리
암술머리
암술은 1개,
수술은 5개다.
잎 가에 톱니는 안으로 굽지 않는다.
작은 잎은 길이 5~10센티미터,
폭 2~5센티미터 정도다.
잎은 마주 달리며
작은 잎이 5개인 깃꼴겹잎이다.
잎자루 밑에 턱잎이 있다.
턱잎
어린 가지에 털이 없고 껍질눈이 있다.
나무껍질에
코르크가 발달하지 않는다.
높이 2~3미터 정도 자라는
갈잎떨기나무다.

애기병꽃

Diervilla sessilifolia

—

어린 가지에 털이 촘촘히 많다. 잎은 마주 달리며 달걀같은 바소꼴이다. 7월에 황록색 꽃이 모여 작은모임꽃차례를 이룬다. 꽃부리는 지름 13밀리미터 정도다. 꽃받침조각은 5개이며, 아래쪽까지 깊이 갈라진다. 튀는열매는 길이 9~12밀리미터 정도다.

작은모임꽃차례는 지름 5~7센티미터 정도다.

잎 양면에 짧은 털이 있다.

튀는열매는 길이 9~12밀리미터 정도다.

열매 끝에 영구꽃받침이 남아 있다.

꽃은 7월에 연한 황록색으로 핀다.

수술은 5개,
암술은 1개다.
꽃받침
조각
꽃부리는 지름 13밀리미터 정도다.
꽃받침조각은 아래쪽까지
5개로 깊이 갈라진다.
잎자루에 털이 있다.
잎은 길이 7~12센티미터,
폭 2~5센티미터 정도다.
잎은 마주 달리며
달걀같은 바소꼴이다.
잎 가장자리에
톱니가 있다.
어린 가지에
털이 촘촘히 많다.
높이 90~150센티미터 정도 자라는
갈잎떨기나무다.

593
인동과

분꽃나무

[붓꽃나무]

Viburnum carlesii

—

잎은 마주 달리며 넓은 달걀꼴이다. 잎 양면에 별모양 털이 촘촘히 많다. 작은모임꽃차례聚散花序는 지름 5~6센티미터 정도고 꽃부리통부는 길이 10밀리미터 정도다. 꽃부리조각의 길이는 통부의 반 정도다. 수술은 꽃부리통부 안쪽에 붙어 있고, 통부 밖으로 나오지 않는다.

우산 모양의 작은모임꽃차례는 지름 5~6센티미터 정도다.

잎 양면에 별모양 털이 촘촘히 많다.

굳은씨열매는 길이 8~10밀리미터 정도다.

열매는 10월 검은색으로 익는다.

씨앗은 납작하다.

꽃부리는
지름 10~14밀리미터 정도다.
꽃부리통부는 길이 10밀리미터 정도다.
꽃부리조각의 길이는 통부의 반 정도다.
꽃부리조각
꽃부리
통부
작은모임꽃차례
잎자루는 길이 5~10밀리미터 정도다.
잎은 길이 4~6센티미터,
폭 4~5센티미터 정도다.
잎은 마주 달리며 넓은 달걀꼴이다.
수술은 꽃부리통부 안쪽에 붙어 있고
통부 밖으로 나오지 않는다.
꽃부리조각
꽃밥
암술
어린 가지에 별모양 털이 촘촘히 많다.
높이 2미터 정도 자라는
갈잎떨기나무다.

산분꽃나무

[산붓꽃나무, 순분꽃나무]

Viburnum burejaeticum

—

잎은 마주 달리며 넓은 달걀꼴이다. 우산 모양의 작은모임꽃차례는 지름 4~5센티미터 정도고 꽃부리는 지름 7밀리미터 정도다. 꽃부리통부는 길이 1~2밀리미터 정도로 아주 짧고 꽃부리조각의 길이는 통부보다 길다. 수술은 꽃부리통부 밖으로 나온다.

우산모양傘形狀의 작은모임꽃차례는 지름 4~5센티미터 정도다.

잎 뒷면에 별모양 털이 촘촘히 많다.

굳은씨열매는 길이 8~10밀리미터 정도다.

열매는 10월 검은색으로 익는다.

씨앗은 길이 9~10밀리미터 정도다.

꽃부리는 지름 7밀리미터 정도다.

꽃부리통부는
길이 1~2밀리미터 정도로 아주 짧으며,
수술은 꽃부리통부 밖으로 나온다.

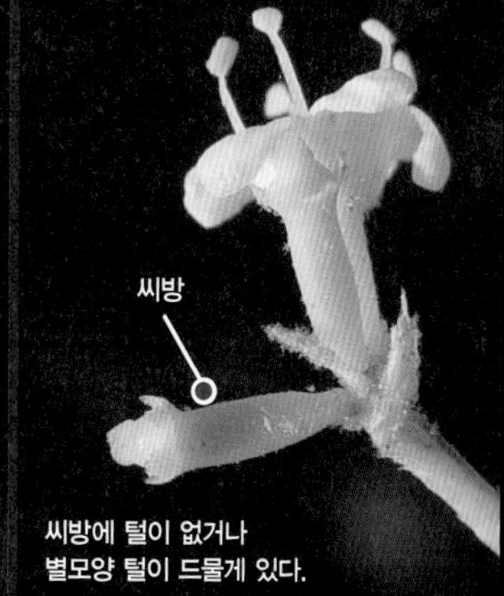

씨방에 털이 없거나
별모양 털이 드물게 있다.

잎자루는 길이 5~10밀리미터 정도며
별모양 털이 있다.

잎은 길이 4~6센티미터,
폭 4~5센티미터 정도다.

잎은 마주 달리며 넓은 달걀꼴이다.

어린 가지에 별모양 털이
촘촘히 많다.

높이 3~5미터 정도 자라는
갈잎떨기나무다.

595
인동과

가막살나무

[털가막살나무]

Viburnum dilatatum

—

어린 가지에 별모양 털이 촘촘히 많다. 잎 양면에 별모양 털이 있다. 잎자루는 길이 5~20밀리미터 정도며 턱잎이 없다. 우산 모양의 작은모임꽃차례는 지름 6~12센티미터 정도고 굳은씨열매는 길이 8밀리미터 정도고 10월 붉은색으로 익는다.

우산 모양의 작은모임꽃차례는 지름 6~12센티미터 정도다.

잎 양면에 별모양 털이 있다.

굳은씨열매는 길이 8밀리미터 정도고 10월 붉은색으로 익는다.

씨앗은 지름 6~7밀리미터 정도다.

10월 열매

꽃부리는 지름 5~6밀리미터 정도다.

수술은 꽃부리보다 길다.

꽃받침에 털이 있다.

잎자루는 길이 5~20밀리미터 정도며, 턱잎이 없다.

잎은 길이 6~11센티미터, 폭 4~10센티미터 정도다.

잎은 마주 달리며 둥근꼴에 가깝거나 넓은 달걀꼴이다.

겨울눈에 비늘조각이 있으며, 털이 촘촘히 많다.

어린 가지에 별모양 털이 촘촘히 많다.

높이 2~3미터 정도 자라는 갈잎떨기나무다.

산가막살나무

[묏가막살나무, 무점가막살나무]

Viburnum wrightii

—

가막살나무 *V. dilatatum*에 비해 잎 표면에 털이 거의 없고, 뒷면 맥 위와 잎줄겨드랑이脈腋에 털이 있으나 별모양 털이 아닌 털이 있다. 어린 가지에 별모양 털이 없고 약간의 털이 있다.

우산모양의 작은모임꽃차례는 지름 5~7센티미터 정도다.

잎 표면에 털이 거의 없고 뒷면 맥 위와 잎줄겨드랑이에 별모양 털이 아닌 털이 있다.

굳은씨열매는 길이 8밀리미터 정도다.

열매는 10월 붉은색으로 익는다.

씨앗은 길이 4~6밀리미터 정도다.

꽃부리는 지름 5~6밀리미터 정도다.
수술은
꽃부리보다 길다.
암술머리
꽃받침
꽃받침에 털이 없다.
잎자루는
길이 9~20밀리미터 정도며
턱잎이 없다.
잎은 길이 8~14센티미터 정도다.
잎은 마주 달리며 둥근꼴에 가깝다.
겨울눈에 비늘조각이 있고
비늘조각 끝에 약간의 털이 있다.
어린 가지에
별모양 털이 아닌
털이 약간 있다.
높이 2~3미터 정도 자라는
갈잎떨기나무다.

덧잎가막살나무

[덧닢가막살나무, 턱잎감가살나무]

Viburnum wrightii var. stipllatum

—

산가막살나무*V. wrightii* 와 비슷하지만 잎에 턱잎이 있는 것이 다르다.

꽃부리는 지름 5~6밀리미터 정도다.
수술은 꽃부리보다 길다.
암술머리
꽃받침
꽃받침에 털이 없다.
턱잎
턱잎이 있다.
잎은 길이 8~14센티미터 정도다.
잎은 마주 달리며 둥근꼴이거나
거꿀달걀꼴이다.
잎자루는 길이 9~20밀리미터
정도고 털이 있다.
잎자루
턱잎
어린 가지에 별모양 털이
아닌 털이 있다.
높이 2~3미터 정도 자라는
갈잎떨기나무다.

덜꿩나무

[털덩꿩나무, 긴잎덜꿩나무]

Viburnum erosum

—

가막살나무*V. dilatatum*에 비해 잎자루는 길이 2~6밀리미터 정도로 짧으며 턱잎이 있다. 잎은 길이 4~10센티미터, 폭 2~7센티미터 정도로 폭이 좁은 달걀꼴~길둥근 모양의 바소꼴이다. 우산 모양의 작은모임꽃차례는 지름 5~8센티미터 정도로 꽃차례가 작은 편이다.

우산모양의 작은모임꽃차례는 지름 5~8센티미터 정도다.

잎 양면에 별모양 털이 촘촘히 많다.

굳은씨열매는 공모양이며 지름 6~8밀리미터 정도다.

씨앗은 길이 5~7밀리미터 정도다.

잎 뒷면에 샘물질이 있다.

꽃부리는 지름 5~6밀리미터 정도다.
수술은 꽃부리보다 길다.
암술머리
꽃받침
꽃받침에
별모양 털이 있다.
잎자루는 길이 2~6밀리미터
정도로 짧으며 턱잎이 있다.
샘물질
턱잎
잎자루
잎은 길이 4~10센티미터,
폭 2~7센티미터 정도다.
잎은 마주 달리며 달걀꼴
~길둥근 모양의 바소꼴이다.
잎자루의 길이
덜꿩나무: 2~6밀리미터
가막살나무: 6~20밀리미터
어린 가지에 털이 촘촘히 많다.
높이 2~3미터 정도 자라는
갈잎떨기나무다.

아왜나무

[개아왜나무]

Viburnum odoratissimum* var. *awabuki

—

잎은 마주 달리며 길둥근꼴~거꿀달걀꼴이다. 잎 뒷면 잎줄겨드랑이에 털이 있다. 원뿔꽃차례는 길이 5~15센티미터 정도고 꽃부리는 지름 7밀리미터 정도다. 열매는 9월 붉은색에서 검은색으로 익는다.

원뿔꽃차례는
길이 5~15센티미터 정도다.

잎 뒷면 잎줄겨드랑이에 털이 있다.

씨앗은 길이 6밀리미터 정도다.

열매는 9월 붉은색에서
검은색으로 익는다.

굳은씨열매는 길둥근꼴이며
길이 7~10밀리미터 정도다.

꽃부리는 지름 7밀리미터 정도다.
5개의 수술은
꽃부리통부 밖으로 나온다.
암술대와 씨방에
털이 없다.
암술
씨방
잎자루는 길이 15~25밀리미터
정도고 털이 없다.
잎은 길이 6~12(~20)센티미터
폭 3~4(~8)센티미터 정도다.
잎은 마주 달리며
길둥근꼴~거꿀달걀꼴이다.
새잎
어린 가지에 털이 없다.
높이 5~10미터 정도 자라는
늘푸른큰키나무다.

배암나무

Viburnum koreanum

—

백당나무 *V. opulus var. calvescens*와 비슷하지만 꽃차례 주위에 장식꽃中性花이 없다. 잎은 흔히 3갈래로 갈라지며 뒷면 잎줄겨드랑이에 흰색 털이 있다.

우산 모양의 작은모임꽃차례는 지름 2~4센티미터 정도다.

잎 표면에 약간의 털이 있으나 없어지며 뒷면 잎줄겨드랑이에 흰색 털이 있다.

굳은씨열매는 길이 7~10밀리미터 정도다.

열매는 9월 붉은색으로 익는다.

잎은 마주 달린다.

꽃부리는
지름 6~7밀리미터 정도다.
수술은 꽃부리보다 짧다.
장식꽃은 없고 쌍성꽃만 있다.
2개의
샘물질
턱잎
잎자루는 길이 5~20밀리미터 정도며
샘물질이 있고 턱잎이 있다.
잎은 길이 5~13센티미터 정도다.
잎은 마주 달리며
흔히 3갈래로 갈라진다.
작은모임꽃차례
어린 가지에 능선이 있고 털이 없다.
높이 1~2미터 정도 자라는
갈잎떨기나무다.

601
인동과

백당나무

[청백당나무, 개불두화, 접시꽃나무]

Viburnum opulus var. calvescens

—

잎은 마주 달리며 흔히 3갈래로 갈라진다. 잎 양면에 털이 거의 없다. 잎자루는 길이 1~3센티미터 정도며 샘물질이 있고 턱잎이 있다. 겹우산꽃차례는 지름 6~12센티미터 정도고, 꽃차례 주위에 장식꽃이 있다. 굳은씨열매는 길이 7~10밀리미터 정도고 9월 붉은색으로 익는다.

겹우산꽃차례는 지름 6~12센티미터 정도고 꽃차례 주위에 장식꽃이 있다.

잎 양면에 털이 거의 없다.

굳은씨열매는 지름 7~10밀리미터 정도다.

열매는 9월 붉은색으로 익는다.

씨앗은 납작한 달갈꼴이다.

장식꽃은
지름 2~3센티미터 정도다.

쌍성꽃은
지름 4~5밀리미터 정도다.

암술대와 씨방에 털이 없다.

잎자루는 길이 1~3센티미터 정도며
샘물질이 있다.

잎은 길이 5~12센티미터 정도다.

잎은 마주 달리며
흔히 3갈래로 갈라진다.

턱잎이 있다.

어린 가지에
능선이 있고
털이 거의 없다.

높이 2~3미터 정도 자라는
갈잎떨기나무다.

털백당나무

Viburnum opulus f. puberulum

백당나무*V. opulus var. calvescens*에 비해 잎자루와 꽃자루에 털이 있고 잎 뒷면 맥 위에 개출모開出毛가 있다.

개출모: 축에 거의 직각으로 난 털

겹우산꽃차례는
지름 6~12센티미터 정도다.

잎맥에 거의
직각으로 난 털

잎 뒷면 맥 위에 개출모가 있다.

굳은씨열매는
길이 7~10밀리미터 정도다.

열매는 9월 붉은색으로 익는다.

씨앗은 납작하며
길이 7~9밀리미터 정도다.

장식꽃은
지름 2~3센티미터 정도다.
쌍성꽃은 지름 4~5밀리미터 정도다.
겹우산꽃차례
잎자루에 털
샘물질
잎은 길이 5~12센티미터 정도다.
잎은 마주 달리며
흔히 3갈래로 갈라진다.
열매자루에 털이 있다.
어린 가지에 약간의 털이 있다.
턱잎
잎자루에
털
높이 2~3미터 정도 자라는
갈잎떨기나무다.

불두화

[수국백당나무, 큰접시꽃나무]

Viburnum opulus f. hydrangeoides

—

설구화 *V. plicatum 'Popcorn'* 와 비슷하지만 잎은 흔히 3갈래로 갈라진다. 겹우산꽃차례는 지름 10~15센티미터 정도로 큰 편이다.

꽃은 대부분 장식꽃이다.

장식꽃의 꽃부리조각은
보통 5갈래로 갈라진다.

겹우산꽃차례

잎자루 아래쪽에 턱잎이 있다.

잎은 길이 5~10센티미터 정도다.

잎은 마주 달리며
흔히 3갈래로 갈라진다.

잎의 결각

어린 가지에 털이 없고 능선이 있다.

높이 2~3미터 정도 자라는
갈잎떨기나무다.

병꽃나무

Weigela subsessilis

—

어린 가지에 약간의 털이 있다. 잎은 마주 달리며 길둥근 모양의 달걀꼴이다. 잎 양면에 털이 약간 있다. 꽃은 5~6월에 황록색으로 피지만 점차 붉은색으로 변하다. 꽃받침은 아래쪽까지 깊이 갈라진다.

꽃은 5~6월에 황록색으로 피지만 점차 붉은색으로 변한다.

잎 양면에 털이 약간 있다.

튀는열매는 길이 15~20밀리미터 정도다.

튀는열매는 9월에 익는다.

잎 가장자리에 톱니와 털緣毛이 있다.

수술은 5개, 암술은 1개다.
꽃부리는 길이 25~35밀리미터 정도다.
아래쪽까지
깊이 갈라진다.
꽃받침은 아래쪽까지 깊이 갈라진다.
잎자루는 아주 짧아
거의 없는 것처럼 보인다.
잎은 길이 3~7센티미터,
폭 3~5센티미터 정도다.
잎은 마주 달리며
길둥근 모양의 달걀꼴이다.
내향약內向葯:
꽃의 중앙을 향하여 터지는裂開 꽃밥
내향약
어린 가지에
약간의 털이 있다.
높이 2~3미터 정도 자라는
갈잎떨기나무다.

흰털병꽃나무

Weigela subsessilis* var. *mollis

병꽃나무*W. subsessilis*에 비해 어린 가지에 털이 촘촘히 많다. 꽃피는 가지花枝의 잎은 길이 2~3센티미터 정도로 병꽃나무보다 작은 편이다. 잎 양면에 털이 촘촘히 많다.

꽃은 4월에 황록색으로 피지만 점차 붉은색으로 변한다.

잎 양면에 털이 촘촘히 많다.

튀는열매는 길이 10~15밀리미터 정도다.

꽃은 1~2개씩 모여 핀다.

잎 가장자리에 톱니와 털緣毛이 있다.

수술은 5개,
암술은 1개다.

꽃부리는 길이 20~25밀리미터 정도다.

아래쪽까지
갈라진다.

꽃받침은 아래쪽까지 깊이 갈라진다.

잎자루는 아주 짧아
거의 없는 것처럼 보인다.

잎은 길이 2~3센티미터,
폭 1~3센티미터 정도다.

꽃피는 가지에 마주 달리는 잎은
길둥근꼴이다.

5월 꽃 핀 모습

어린 가지에
털이 촘촘히 많다.

높이 2~3미터 정도 자라는
갈잎떨기나무다.

붉은병꽃나무

[물병꽃나무, 당병꽃나무]

Weigela florida

—

병꽃나무 *W. subsessilis*에 비해 꽃받침은 중앙까지만 갈라진다. 어린 가지에 2줄의 털이 있다. 잎 뒷면 중심맥 위에 흰색 융털이 촘촘히 많다.

꽃은 4월에 연한 홍색으로 핀다.

잎 표면 중심맥에만 털이 있고
잎 뒷면 중심맥 위에
흰색 융털이 촘촘히 많다.

튀는열매는
길이 12~20밀리미터 정도다.

씨앗

잎 뒷면 중심맥 위에
흰색 융털이 촘촘히 많다.

수술은 5개, 암술은 1개다.
꽃부리는 길이 3~4센티미터 정도다.
꽃받침은
중앙까지만
갈라진다.
잎자루는
길이 1~3밀리미터 정도로
아주 짧다.
잎은 길이 5~10센티미터,
폭 2~4센티미터 정도다.
잎은 마주 달리며 길둥근꼴
~달걀같은 길둥근꼴이다.
암술대가 꽃부리
밖으로 나오지 않는다.
어린 가지에
2줄의 털이 있다.
2줄의 털
2줄의 털
높이 1~3미터 정도 자라는
갈잎떨기나무다.

골병꽃나무

[골병꽃]

Weigela hortensis

—

붉은병꽃나무*W. florida*에 비해 꽃받침은 아래쪽까지 깊이 갈라진다. 잎자루는 길이 4~8밀리미터 정도로 붉은병꽃나무보다 약간 긴 편이다. 꽃은 5월에 홍색으로 핀다. 암술대가 꽃부리 밖으로 나온다.

꽃은 5월에 홍색으로 핀다.

잎 양면에 털이 있다.

튀는열매는 길이 120~20밀리미터 정도다.

열매는 10월에 익는다.

잎 뒷면 중심맥 위에 흰색 융털이 촘촘히 많다.

꽃부리는
길이 30~35밀리미터 정도다.

암술대가 꽃부리 밖으로 나온다.

꽃받침은 아래쪽까지 깊이 갈라진다.

잎자루는
길이 4~8밀리미터 정도다.

잎은 길이 7~10센티미터,
폭 3~5센티미터 정도다.

잎은 마주 달리며
달걀같은 길둥근꼴이다.

뾰족끝이며, 뾰족꼴밑이다.

어린 가지에
2줄의 털이 있다.

높이 1~3미터 정도 자라는
갈잎떨기나무다.

608
인동과

소영도리나무

Weigela praecox

—

붉은병꽃나무*W. florida*에 비해 꽃받침조각의 길이가 서로 같지 않다. 잎 양면에 털이 많다. 잎자루는 없거나 길이 1~2밀리미터 정도로 아주 짧다.

꽃은 5월에 홍색으로 핀다.

잎 양면에 털이 많다.

튀는열매는 길이 13~18밀리미터 정도다.

열매는 10월에 익는다.

잎 뒷면 중심맥 위에 흰색 융털이 촘촘히 많다.

꽃부리는 길이 30~35밀리미터 정도다.
암술대는 꽃부리 밖으로 나온다

수술은 5개, 암술은 1개다.

꽃받침조각은 길이가 서로 다르다.

잎자루는 없거나
길이 1~2밀리미터 정도로
아주 짧다.

잎은 길이 6~12센티미터,
폭 4~6센티미터 정도다.

잎은 마주 달리며
달걀같은 둥근꼴이다.

꽃받침통에 털이 있다.

어린 가지에 2줄의 털이 있다.

높이 1~2미터 정도 자라는
갈잎떨기나무다.

흰병꽃나무

[흰병꽃]

Weigela florida f. candida

—

붉은병꽃나무*W. florida*에 비해 꽃은 흰색으로 핀다. 꽃받침은 중앙까지만 갈라진다.

꽃은 5월에 흰색으로 핀다.

잎 양면에 약간의 털이 있다.

튀는열매는 길이 12~20밀리미터 정도다.

열매는 10월에 익는다.

잎 뒷면 중심맥 위에 흰색 융털이 촘촘히 많다.

꽃부리는 길이 3~4센티미터 정도다.

수술은 5개, 암술은 1개다.

꽃받침은 중앙까지만 갈라진다.

잎자루는
길이 1~3밀리미터 정도다.

잎은 길이 5~10센티미터,
폭 2~4센티미터 정도다.

잎은 마주 달리며
길둥근꼴~달걀같은 길둥근꼴이다.

꽃부리 안쪽에
노란색 무늬가 있다.

어린 가지에 2줄의 털이 있다.

높이 2~3미터 정도 자라는
갈잎떨기나무다.

1~4권 전체 찾아보기

굵은 글씨는 정명, 가는 글씨는 이명·속명

ㄱ

ㄹ

ㅁ

ㅂ

ㅅ

ㅊ

ㅋ

ㅌ

ㅍ

ㅎ

B

C

D

E

F

G

H

I

M

N

O

P

Q

R

S

T

한눈에 알아보는 우리 나무 3

1판 1쇄 2023년 3월 10일
1판 2쇄 2024년 12월 2일

지은이 박승철
펴낸이 강성민
편집장 이은혜
마케팅 정민호 박치우 한민아 이민경 박진희 황승현
브랜딩 함유지 함근아 박민재 김희숙 이송이 박다솔 조다현 배진성 이서진 김하연

펴낸곳 (주)글항아리 | 출판등록 2009년 1월 19일 제406-2009-000002호

주소 10881 경기도 파주시 심학산로 10 3층
전자우편 bookpot@hanmail.net
전화번호 031-955-2689(마케팅) 031-941-5161(편집부)

ISBN 979-11-6909-089-6 06480

www.geulhangari.com